# NOUVEAU
# MANUEL
## DES
## PROPRIÉTAIRES ET DÉTENTEURS
# D'ABEILLES;

### OU

INSTRUCTION *pratique et raisonnée sur la Ma-nière d'Hiverner les Ruches peuplées d'Abeilles, et pas perdre une seule pendant la saison rigoureuse; sur les Moyens d'avoir un bon nom-bre l'Essaims naturels ou artificiels dès le mois de Mai de chaque année; sur les nouvelles Ru-ches à hausses et à l'air libre; enfin sur les Moyens de tirer grand profit de ces précieux insectes;*

### PAR M. LE CH<sup>er</sup> DE FONTENAY,

MAIRE DE THORS, PRÈS BAR-SUR-AUBE, ANCIEN OFFI-CIER GÉNÉRAL, CH<sup>er</sup> DE S<sup>t</sup>-LOUIS, MEMBRE DES SOCIÉTÉS D'AGRICULTURE, SCIENCES ET ARTS DES DÉPARTEMENS DE L'AUBE ET DE LA HAUTE-MARNE, ETC.

## A BAR-SUR-AUBE,

CHEZ MILLOT-PIERRET, ÉDITEUR.

### 1829.

# MANUEL

DES

## PROPRIÉTAIRES ET DÉTENTEURS

## D'ABEILLES.

Les Exemplaires voulus par la Loi ont été déposés.

Tous les Exemplaires non revêtus de la griffe de l'Editeur, seront réputés contrefaits, et saisis comme tels.

TROYES, IMPRIMERIE D'ANNER-ANDRÉ.

# NOUVEAU
# MANUEL
## DES
## PROPRIÉTAIRES ET DÉTENTEURS
# D'ABEILLES;

### OU

INSTRUCTION *pratique et raisonnée sur la manière d'Hiverner les Ruches peuplées d'Abeilles, et n'en pas perdre une seule pendant la saison rigoureuse; sur les Moyens d'avoir un bon nombre d'Essaims naturels ou artificiels dès le mois de Mai de chaque année; sur les nouvelles Ruches à hausses et à l'air libre; enfin sur les Moyens de tirer grand profit de ces précieux insectes;*

### PAR M. LE CH<sup>er</sup> DE FONTENAY,

MAIRE DE THORS, PRÈS BAR-SUR-AUBE, ANCIEN OFFICIER GÉNÉRAL, CH<sup>er</sup> DE S<sup>t</sup>-LOUIS, MEMBRE DES SOCIÉTÉS D'AGRI-CULTURE, SCIENCES ET ARTS DES DÉPARTEMENS DE L'AUBE ET DE LA HAUTE-MARNE, ETC.

## A BAR-SUR-AUBE,

### CHEZ MILLOT-PIERRET, ÉDITEUR.

1829.

# AVIS DE L'ÉDITEUR.

« Encore un livre sur les Abeilles,
» dira-t-on en lisant le titre de cet
» ouvrage, comme si nous n'en
» avions pas déjà bien assez. L'au-
» teur espère-t-il donc nous appren-
» dre quelque chose que nous
» n'ayons pas lu dans les OEuvres
» de nos savans naturalistes ! Quelles
» expériences, quelles découvertes
» peut-on faire sur un insecte que
» l'on observe depuis si long-temps,
» et qui est l'objet des soins de tous
» ceux qui s'occupent d'économie
» rurale ! »

Cette objection, que nous avons prévue, ne nous a pas effrayé, et nous avons publié ce livre. Les louanges que nous lui donnerions ici seraient suspectes de partialité. En effet, si l'ouvrage est bon, il se recommandera lui-même; et s'il est mauvais, tout ce que nous en dirions ne le ferait pas trouver meilleur. Qu'on le lise donc, et alors on pourra porter un jugement que nous ne récuserons pas. Tout ce que nous demandons, c'est qu'on ne s'empresse pas de le condamner sur le titre, et sans savoir s'il ne contient pas des observations utiles.

L'auteur de ce Manuel est un propriétaire qui par goût vit à la campagne, et qui consacre tous ses momens de loisir à des expériences utiles. Il nous fait part des observations qu'il a été à même de recueillir; il nous indique des moyens qui lui ont réussi pour la multiplication et la conservation des Abeilles : lisons donc son ouvrage, méditons-le ; employons les procédés dont il dit s'être servi avec succès ; et nous pourrons ensuite porter un jugement certain.

La position sociale de l'auteur ne permet pas de supposer que l'intérêt l'ait engagé à publier son livre. Il n'a pas cherché non plus à se faire une réputation littéraire : car ce genre d'ouvrage exige l'emploi d'un style simple, et à la portée des cultivateurs. Il n'a donc pu avoir d'autre but que celui de se rendre utile à ses concitoyens. L'a-t-il atteint ? Ce n'est pas nous qui devons résoudre cette question; nous en laisserons le soin à ceux que leurs études et leurs travaux ont mis à même de la décider.

MILLOT-PIERRET.

# INTRODUCTION.

QuEL est l'homme âgé qui, toute sa vie aima le travail et l'observation, et qui, sentant ses forces s'affaiblir, ne se hâte de rassembler sa famille, ses enfans et petits enfans, pour leur faire ses dernières recommandations, et achever de leur communiquer tout ce que son expérience lui a appris de bon et d'utile à leurs intérêts, auxquels il s'intéressera lui-même dans la vie future ?

De même, parcourant déjà ma soixante et treizième année, privé presque totalement d'un organe essentiel à l'agrément de la vie, souvent atteint de rhumes, de catarrhes et autres incommodités qui, d'un moment à l'autre, peuvent achever ma triste existence ; je crois devoir me hâter de communiquer à mes concitoyens, à mes amis, à mes enfans et aux leurs, le résultat de mon travail et de mes observations pen-dant plus de *trente-cinq*

Observations faites

*ans* sur la culture et l'éducation des *Abeilles,* disons mieux et plus justement, sur *l'Education des Cultivateurs d'Abeilles :* Article que je regarde comme d'autant plus essentiel à leurs intérêts, que peu ou point de documens certains n'existent à cet égard.

Ce n'est pas que nous n'ayons déjà quantité de livres et de *grandes connaissances* sur *les mœurs, les habitudes, le travail* et la MULTIPLICATION de ces précieux insectes : en sommes-nous plus riches en miel et en cire que du temps de

pendant 35 ans sur la culture des *Abeilles.*

Tous les livres sur cette partie n'empêchent pas que leur nombre soit plus petit de jour en jour.

nos pères ? nos Abeilles augmentent-elles en nombre et en productions ? Non ; c'est tout le contraire. Nos ruches ne sont plus si nombreuses à beaucoup près qu'elles étaient avant nous ; et nous sommes forcés de tirer de l'étranger une grande partie de la cire et du miel qui nous sont nécessaires, tandis que nous lui en revendions autrefois.

« Avant la découverte
» du Nouveau-Monde, a
» dit Lombard à la Société
» d'Agriculture de Paris,
» au mois d'août 1819, les

» *Abeilles* étaient en si
» grand nombre dans les
» forêts du royaume, qu'el-
» les avaient donné lieu
» au *droit d'Abeillage ,*
» par lequel leur produit
» était déclaré *Propriété du*
» *Prince.*

« On vit alors un *Mat-*
» *tre ,* c'est-à-dire, un *Mi-*
» *nistre des Abeilles ,* un
» gouverneur de ruches ,
» des raffineurs de miel ,
» etc., etc.

Naissance du droit d'A-beillage.

« Ce *droit d'Abeillage* s'é-
» tendit peu à peu sur les
» ruches que possédaient
» les particuliers, lesquels
» payaient en nature une

1*

» portion de leurs pro-
» duits, soit en ruches tou-
» tes garnies d'Abeilles, soit
» en cire, soit en miel. Le
» lieu où l'on payait cet
» impôt s'appelait *l'Hôtel-*
» *des-Mouches,* comme on
» a dit depuis *l'Hôtel-des-*
» *Fermes*..... Mais le sucre
» des Colonies étant devenu
» commun, le *droit d'A-*
Converti de- » *beillage* fut converti en
puis en argent. » argent. Alors on voulut
» se soustraire à cet im-
» pôt, et l'on commença à
» *étouffer les abeilles,* pour
» jouir exclusivement de
» leurs produits; ce qui
» diminua le nombre des

» ruches, et les fit même
» disparaître de plusieurs
» cantons. De là cette mé-
» thode *barbare* qui s'est
» perpétuée jusqu'à nous ;
» de manière qu'aujour-
» d'hui le miel et la cire
» ne suffisent plus à la con-
» sommation..... »

Ainsi, M. Lombard, no-
tre compatriote, originaire
de Langres, un des hom-
mes qui passaient pour être
des plus instruits dans cette
partie, attribue spéciale-
ment la diminution sensi-
ble que nous éprouvons,
tant en cire qu'en miel, à
la méthode soi-disant *bar-*

Cause pre-
mière de la
pratique d'é-
touffer les *a-
beilles.*

*bare*, d'étouffer les abeilles, pour jouir exclusivement du bénéfice de leur travail !

N'en déplaise à M. Lombard , qui malheureusement n'est plus de ce monde, je ne serai pas tout-à-fait de son avis sur cet objet, par deux raisons essentielles. La première est que cette méthode n'est plus guère usitée que par les grands propriétaires ou spéculateurs de mouches (1). La deuxième est que

Ne tend pas seule à la destruction des abeilles.

_______

(1) On en cite qui ont encore aujourd'hui près de mille à douze cents ru-

si elle tendait effectivement, sinon à la destruction totale, au moins à la diminution sensible de l'espèce, ces mêmes spéculateurs ou accapareurs¦ de mouches ne l'emploieraient pas. Ce serait se couper le nez en dépit du visage ; et certes ils se garderaient bien de le faire.

Assurément je ne suis pas partisan de cette méthode qui, au fait, n'est

---

ches placées à moitié fruit dans les campagnes à dix, quinze et vingt lieues à la ronde, et qui font usage de cette méthode *barbare*.

pas plus *barbare* que celle
de tuer des veaux, des
moutons, des bœufs ou du
gibier pour satisfaire notre
appétit ; et je ferai voir par
la suite qu'on peut obtenir
les mêmes bénéfices et de
plus grands encore, sans
en venir à cette extrémité ;
mais, je pourrais dire comme ces grands propriétaires
qui n'en savent pas da-
vantage : « Voilà pourtant
» le meilleur moyen connu
» jusqu'à ce jour pour
» avoir un bénéfice réel
» des abeilles ; car par cette
» méthode on ne détruit
» que les ruches mal ap-

» provisionnées et qui ne
» passeraient pas l'hiver
» suivant; et on ne les dé-
» truit *au mois de septem-*
» *bre,* que quand tous les
» moyens d'approvisionne-
» ment sont épuisés. Si on
» ne les détruisait pas alors
» (et c'est ce qui arrive à
» tous les petits proprié-
» taires qui y répugnent),
» les abeilles de ces ruches
» n'en périraient pas moins
» dans la saison rigoureuse,
» après avoir épuisé leurs
» trop faibles provisions.
» Ainsi cette méthode don-
» ne un bénéfice certain,
» et ne tend nullement à

» diminuer le nombre des
» ruches et des abeilles
» qu'elles peuvent nourrir,
» puisqu'on laisse intactes
» celles qui peuvent tra-
» verser la mauvaise sai-
» son. »

Sans admettre ni rejeter ce raisonnement plus que celui de M. Lombard, nous rechercherons ailleurs les causes plus certaines de la diminution de nos précieux insectes, et nous les trouverons facilement 1° dans le peu de soins ou les soins mal entendus qu'on a généralement d'eux en tous temps, et particulièrement

pendant la mauvaise sai-
son; 2° dans la négligence
habituelle de faire la guerre
à leurs plus cruels enne-
mis; 3° dans la mauvaise
habitude, disons mieux,
dans la *maxime générale* de
les dépouiller au commen-
cement de chaque prin-
temps, qui est le moment
où ils ont le moins de provisions, et où ils en ont
besoin davantage, ainsi que
de chaleur, pour faire
éclore et élever leur nombreux couvain; 4° dans la
forme, la matière et la capacité toujours invariables
des logemens qu'on leur

Causes plus certaines de la diminution des ruches.

fournit, quel que soit leur nombre, tant pour se loger que pour se nourrir et élever leur progéniture.

Certe si nous parvenons à prouver tout ce que nous venons d'avancer, il sera plus que certain que l'homme lui-même, aussi bien le plus grand comme le plus petit propriétaire, est le plus grand ennemi de ses abeilles, et celui d'entr'eux qui travaille le plus efficacement à en détruire l'espèce; car l'homme seul les assujettit à tous les inconvéniens qu'elles éprouvent sous sa main; aussi le

L'homme est le plus redoutable ennemi des *abeilles*.

nombre en diminue-t-il
tous les jours.

Si , fatigué de les tyran-
niser et de les détruire successivement l'une après
l'autre, l'homme laissait
un jour la liberté à ces mal-
heureuses esclaves de son
despotisme; à coup sûr
elles retourneraient bien
vite dans les forêts d'où
elles ont été arrachées, et
les repeupleraient bientôt
de leurs innombrables co-
lonies. Alors, l'homme pouvant encore partager avec
elles leurs riches dépouil-
les, y trouverait certaine-
ment de grands bénéfices.

Mais comme son avidité ne lui permettra jamais une pareille générosité, examinons l'effet de ses mauvais procédés, et tâchons d'y porter remède en indiquant des procédés contraires.

# MANUEL

## DES PROPRIÉTAIRES

### ET DÉTENTEURS

## D'ABEILLES.

La première cause de la diminution sensible des abeilles, avons-nous dit dans l'Introduction, se trouve dans le peu de soins ou les soins mal entendus qu'on leur donne en tous temps, et surtout pendant la mauvaise saison; ce que nous appelons l'*Hivernage des Abeilles* : en effet, pendant le printemps et l'été même, n'en doutons pas, les abeilles ont be-

De l'hivernage.

1re cause de la perte des ruches. Elles doivent être tenues chaudement pen-

soin d'être enfermées jusqu'à un certain point : d'abord pour que le couvain soit dans une température assez chaude pour éclore facilement, et dans l'espace de temps fixé par la nature pour bien réussir. Secondement pour garantir leurs travaux et les provisions qu'elles amassent du pillage et de la destruction que, sans cela, leur causeraient les guêpes, les fourmis, les papillons de fausse teigne et bien d'autres ennemis, sans compter les abeilles du voisinage, si elles-mêmes manquaient de provisions. Mais une fois ce couvain tout éclos, et ces ennemis éloignés ou détruits par le refroidissement de la saison, c'est-à-dire, vers la fin de sep-

tembre ou le commencement
d'octobre, si on continue de
tenir les abeilles enfermées ou
avec peu de communication
avec l'air extérieur ; alors
ayant toujours trop chaud dans
leur ruche, elles sortent souvent pour prendre l'air, se ra-
faîchir, ou chercher encore
inutilement quelques provisions. Ne trouvant plus rien
dans la campagne, elles rap-
portent au logis de l'appétit,
et commencent d'attaquer vi-
goureusement leurs magasins :
ce qui est déjà cause en partie
qu'elles peuvent manquer de
vivres pendant ou après l'hiver; de plus, étant toujours
à la ruche dans un air chaud,
elles deviennent plus sensibles

Et fraîche-
ment l'autom-
ne et l'hiver.

aux premiers froids, et plusieurs y succombent au dehors, d'ailleurs, l'air de la ruche ne pouvant se renouveler s'y corrompt insensiblement; les débris des gâteaux de cire qu'elles ont déjà rongés pour en extraire le miel qu'ils contenaient, se corrompent également, se moisissent sur la planche ou la pierre qui sert de support à leur logement; alors l'air intérieur se vicie de plus en plus; la dyssenterie ou d'autres maladies les attaquent; bientôt un grand nombre y succombent, leurs cadavres augmentent le mal et la putrefaction : et ce qu'il en reste n'est souvent plus capable de supporter les grands froids qui

peuvent survenir, et qui, à
raison de leur petit nombre et
d'un grand logement qu'elles
ne pourront plus échauffer,
pénétreront au milieu d'elles,
si on n'y met obstacle par des
couvertures ou autres moyens
presque toujours inutiles ( 1 ).
Croit-on pouvoir diminuer le
danger en rétrécissant encore
l'entrée de la ruche, et n'y

---

(1) Les grands froids ne pénètrent
que dans les ruches mal peuplées ; lorsqu'elles sont en paille bien serrée, d'un
bon pouce d'épaisseur, quand les abeilles sont en grand nombre, elles peuvent
y braver les hivers les plus rigoureux ;
et cependant étant isolées elles ne peuvent supporter le moindre degré de
congellation. Les ruches en bois n'ont
pas le même avantage.

laissant que l'ouverture nécessaire pour passer une mouche,
comme font tous les ignorans ?
alors vous augmentez la cause
du mal; et vous parvenez à les
faire tomber toutes asphyxiées,
c'est-à-dire, toutes mortes sur
le support de la ruche. Voilà le
résultat de tant de soins que
avez pris de vos abeilles pour
les garantir du froid tout l'hiver, et la cause de la perte de
presque toutes les ruches pendant cette saison déplorable.
Si par hasard quelques - unes
sont un peu moins renfermées
ou ont percé à votre insçu quelques petites ouvertures ; au
moindre rayon de soleil vous
les voyez sortir en abondance ;
alors vous vous réjouissez, vous

Résultat in-
faillible de
soins mal en-
tendus.

( 31 )

croyez avoir fait merveille ;
mais regardez-y de plus près ,
voyez sur la ruche et tout autour, ces tâches jaunes et livi-
des causées par leurs excré-
tions, dont elles n'ont pas voulu
empoisonner leur logement : 
c'est la dyssenterie que vous
avez inoculée, et rien de plus.
Les plus fortes s'éloignent cependant pour se vider ou respirer un air plus pur : mais bientôt fatiguées, elles se reposent
quelque part ; si le temps est
froid ou humide, il en revient
peu à la ruche ; elles s'engour- 
dissent et perdent la vie sur le
lieu même. Y a-t-il de la neige
par terre ? c'est le moment le
plus critique pour nos chers
insectes, surtout quand le so-

leil donne ; alors trompées par une apparente douceur, elles sortent et s'éloignent de leur demeure, ne fût-ce qu'à deux pas, le froid les saisit, et vous les voyez successivement tomber sur la neige, où elles s'engourdissent pour toujours. Voilà comme les ruches se dépeuplent insensiblement pendant l'hiver, et pourquoi il en périt toujours un si grand nombre dans cette saison, et même au printemps ; celles qui y résistent, restent dans un état de langueur qui les rend incapables, et par leur santé et par leur petit nombre, de faire éclore le couvain, que la reine dépose souvent dans beaucoup d'alvéoles, dès les mois de jan-

vier et février. Arrive ensuite
le mois de mars; alors le propriétaire visite ses mouches...
il en trouve souvent moitié de
de mortes et quelquefois davantage. Peu de jours après,
son avidité n'étant pas satis-
faite, il prend encore à ces
malheureux insectes une partie de la provision qui reste
aux survivantes pour se nourrir et élever leur couvain, lui
procurer la chaleur nécessaire, etc. Elles ne trouvent
encore rien ou presque rien à
la campagne pour suffire à tant
de travaux, comme à recon-
struire les édifices qu'il a détruits; ainsi ce tyran barbare a
retardé lui-même le repeuple-
ment de sa ruche et la sortie

Mortalité des ruches.

Leur maître dépouille sans pitié celles qui survivent.

Cause essentielle du peu d'essaims toujours tardifs.

de ses essaims, qui souvent ne peuvent avoir lieu de toute l'année : aussi en voit-on peu et bien rarement au mois de mai, qui serait le moment le plus avantageux pour qu'ils puissent amasser des provisions suffisantes pour l'hiver suivant, *un jetton de mai,* dit-on, *vaut une vache à lait : un jetton de juin souvent ne vaut rien,* encore moins celui de juillet.

Doléances de ces maîtres sans pitié.

Ne vous étonnez donc plus, chers lecteurs, d'entendre, chaque printemps, les doléances répétées des propriétaires et détenteurs d'abeilles, qui se plaignent presque tous de la mortalité des leurs, *malgré les soins qu'ils en ont pris, la nourriture qu'ils leur ont don-*

*née*, etc.. Répondez-leur sans hésiter, qu'ils ne doivent s'en prendre qu'à eux-mêmes, et non pas au temps et à la saison trop humide ou trop rigoureuse, comme ils le font presque toujours; et qu'ils ont été les propres bourreaux de leurs ruches, par les soins mal entendus qu'ils leur ont donnés tout l'hiver, et surtout en les tenant trop enfermées et les *retorchant*, (c'est l'expression consacrée) trop exactement. Si quelques-unes sont moins maltraitées, c'est qu'ils en ont sans doute pris moins de soins; c'est que leurs abeilles auront pu trouver ou se procurer à leur insçu quelques ouvertures favorables pour prendre l'air de temps à autre, et que cet air lui-même aura pu s'introduire et se renouveler dans ces ruches.



Un de mes voisins, sous mes yeux, n'avait aucun soin de ses ruches pendant l'hiver, sans autre raison qu'une sorte de paresse et d'insouciance à cet égard ; tandis qu'alors je faisais comme tout le monde : je *retorchais* exactement à l'automne toutes les miennes, pour les garantir des rigueurs de la saison et de l'hiver qui devait suivre. Chaque printemps je me trouvais avoir perdu une grande partie de mes ruches ; et mon voisin n'avait perdu que ses essaims tardifs ou ses ruches faibles et mal approvisionnées. La différence entre nous était très-grande ; je changeai de méthode, j'adoptai celle de mon voisin, et j'obtins les mêmes succès que lui. Ne privons donc pas nos abeilles de l'air qui leur est si nécessaire dans leur ruche, même dans les plus fortes gelées. Ne savons-nous pas, surtout depuis la fameuse campagne de Moscou (1), qu'en Russie comme dans tous les pays du nord, où les hivers sont très-longs et très-rudes, on y élève cependant une quantité prodigieuse d'abeilles, sans autre soin, pendant cette saison

*Changement avantageux.*

*Dans les plus fortes gelées l'air doit entrer librement dans les ruches.*

______________

(1) J'insiste sur ce point, comme vraiment capital.

rigoureuse, que de les garantir de l'action du soleil ? Plusieurs même les privent totalement de la lumière pour leur ôter l'envie de sortir et de se promener au loin, ce qui causerait leur perte; mais au lieu de les bien calfeutrer comme nous faisons presque tous en France, on soulève les ruches sur trois ou quatre petites cales pour y laisser entrer l'air tout autour, et favoriser la sortie des abeilles, si elles en ont besoin pour se promener, se vider ou autrement. Toute l'attention s'y porte seulement sur les souris, les rats, les mulots etc., à qui on fait exactement la guerre pendant la saison rigoureuse, et cependant on défend l'entrée des ruches à ces animaux voraces et destructeurs, en ne donnant que trois lignes au plus d'épaisseur aux cales dont nous venons de parler. Si le froid se fait sentir trop vivement, pendant longtemps, on garnit quelquefois le pourtour inférieur des ruches avec une bande de linge ou d'etoffe, que l'on ôte bien vite quand le temps s'adoucit. Par ce seul soin, et en nettoyant de temps en temps le tablier surlequel elles reposent, on parvient à conserver jusqu'au printemps les abeilles qu'elles contiennent, lorsqu'elles sont bien peuplées et bien approvisionnées. J'ignore comment on procède en Russie à

Nettoyer de temps en temps le support des ruches.

l'égard de celles qui ne le sont pas : dans tous les cas, procédons d'abord en France de la même manière pour les ruches fortes, et nous réussirons nécessairement aussi bien.

On ne doit pas faire périr les ruches faibles.

Quant aux ruches faibles, gardons-nous de les faire périr comme font ceux dont nous avons parlé précédemment; faisons-en un usage moins cruel et plus avantageux; forçons-les de concourir à l'approvisionnement et à augmenter la population des médiocres ou douteuses, en les réunissant à ces derniers avant d'avoir attaqué leurs magasins; réunissons-les

On doit les réunir entre elles, ou à de plus fortes.

même au besoin à de plus fortes, pour fortifier davantage ces derniers, et nous mettrons les uns et les autres à l'abri de la destruction par le fait de la rigueur du temps et de la longueur de l'*hivernage* qui, pour les abeilles, dure à peu près six mois, chaque année dans notre climat.

Je suppose donc un proprié-taire ayant trente ruches dans son rucher. Dans le courant de septembre ( vers le 15 ), il en fait la revue, il les pèse toutes exactement, et il tient note de leur poids et à peu près de leur population. Dans ces trente ruches, dix-huit seulement sont bien peuplées, et pèsent de quarante à quarante-cinq livres, compris le poids du vaisseau de sept à huit livres : celles-là ne périront pas l'hiver suivant,

*Du choix des ruches qu'on doit réunir à d'autres.*

3

à moins d'accidens qu'on ne peut prévoir (1). Dans les douze autres, six seulement pèsent de vingt-cinq à trente livres, et les six autres de dix-huit à vingt-cinq; alors on devra réunir celles de dix-huit livres à celles de trente, et les autres ensemble, pour qu'après la réunion on puisse obtenir de

---

(1) En garantissant le moyen que j'ai annoncé pour *hiverner* les abeilles de manière à ne pas perdre une seule ruche pendant la saison rigoureuse, je n'y ai pas compris les accidens tels que la mort de la reine, le pillage des ruches par les voisines, l'invasion des souris, des crapauds, etc., que je ne puis garantir, si on ne prend pas les précautions convenables.

chacune au moins quarante
livres pesant dans le même
vaisseau, après avoir enlevé les
parties inférieures, lorsque le
miel qui y était aura été sucé
et reporté par les abeilles dans
la ruche supérieure. Si aucune
ne pesait plus de vingt livres,
on devrait les réunir toutes aux
plus faibles des dix-huit premières : car on doit bien présu-
mer que, sur quarante livres
que doit peser une ruche, si
on en ôte son propre poids,
celui des baguettes et du pourjet dont elle est garnie, celui
de la *propolis*, du *pollen* (1)

______

(1) *Propolis*, sorte de résine dont les
abeilles garnissent la ruche.

*Pollen*, poussière des fleurs amassées

et de la cire qu'elle contient, il en restera tout au plus quatorze à quinze livres pour le miel, qui, de toutes ces matières, est la seule qui puisse servir à la nourriture des abeilles de la ruche, dont le nombre doit être de dix à douze mille, qu'il s'agit d'approvisionner au moins pour six mois. Par ces réunions on ne perdra rien; et on tiercera les forces de toutes ses ruches, dont pas une ne périra pendant l'hiver suivant. Elles seront propres au

________

par les *abeilles*, et qui entre dans la composition de la nourriture du couvain; les abeilles n'en mangent pas.

contraire à donner des essaims très-précoces. C'est ainsi que j'ai à peu près doublé mon rucher cette année; car au mois de septembre 1828, je n'avais que dix-neuf ruches dont six essaims très-faibles et mal approvisionnés, ainsi que quelques mères-ruches. Je n'en ai donc conservé que treize, réunissant les six autres aux plus médiocres. Alors ces treize étant suffisamment peuplées et approvisionnées, ont traversé facilement tout l'hiver; pas une n'a péri. Je n'en ai dépouillé aucune au printemps, et j'ai eu trois essaims naturels du vingt au vingt-cinq de mai, et quatorze autres du premier au dix de juin, dont un seul arti-

On peut doubler le nombre de ses ruches par des réunions bien combinées.

ficiel. Trois ou quatre de ces derniers seulement sont un peu faibles; s'ils le sont encore au mois de septembre, je les réunirai deux à deux, ou aux moins fortes des autres ruches. Par ce moyen il m'en restera environ vingt-cinq, propres à traverser la mauvaise saison. J'aurai ainsi accru mon rucher de douze bonnes ruches dans une seule année; et j'espère l'accroître encore davantage l'an prochain, en procédant d'une manière semblable. ( *Experto crede Roberto* ).

*Trois semaines après la saison des essaims, on peut faire des réunions.*

Stanislas Beaunier, en 1806, voulait même que trois semaines ou un mois seulement après la saison des essaims, on réunît ensemble les mères-ruches fai-

bles qui ne pèseraient pas trente-
quatre ou trente-cinq livres,
et les essaims qui n'auraient
pas rempli un vaisseau comme
les nôtres, de neuf ou dix pouces de hauteur, pesant au
moins trente livres : le tout
compris le poids du vaisseau de
sept à huit livres. Ainsi nous
n'exagérons rien ; nous sommes
au-dessous de cette évaluation.

Maintenant, nous dira-t-on, *Au plus tard* pourquoi ces réunions dans le *dans le mois* mois de septembre et même *de septembre.* plutôt? pourquoi ne pas attendre aux mois d'octobre ou no-
vembre? et comment les faites-
vous?

Pour répondre à la première *Pourquoi l'on* question, je ferai remarquer *fait des réu-* simplement, que c'est dans le *nions si tôt.*

mois de septembre, lorsqu'il n'y a presque plus de fleurs nulle part, lorsque la chaleur diminue; le miel devient très-rare, tant au fond du calice de ces fleurs que sur l'épiderme des feuilles des arbustes et des arbres, comme la ronce, le chêne, le cerisier, etc.

Ainsi les abeilles ne trouvant plus rien ou très-peu de chose en campagne, elles sont déjà contraintes de recourir à leurs magasins pour vivre, avec d'autant plus de raison que le temps étant encore beau, elles en ont profité pour battre la campagne, et n'ont rapporté à la ruche qu'un peu plus d'ap-pétit ; ce qui devient fatal aux ruches faibles et mal approvi-

Si on ne les réunissait en

sionnées. Ainsi c'est le moment de les réunir à d'autres plus fortes ; autrement elles épuise- raient bientôt leurs faibles magasins, et n'y trouveraient plus rien pour passer l'hiver.

*septembre, les ruches faibles périraient plus tard, ainsi que les médiocres ou douteuses.*

Ce moment peut être un peu retardé dans les pays où on cultive des navettes et du sarrazin ; (1) mais ne peut jamais dépasser le mois de septembre puisque dès le 15, et vers le 20 ou 25 de ce mois au plus tard, ces graines doivent être fau- chées et enlevées pour faire

*On ne doit pas attendre le mois d'oc- tobre.*

(1) Les bois dans lesquels on voit beaucoup de bruyères, offrent aussi une très-grande ressource aux abeilles en été, et même en automne.

3*

place aux grains qui doivent leur succéder, avant lesquels il faut encore le temps d'y conduire des fumiers.

Quant à répondre à la seconde des questions ci-dessus: *comment faites-vous vos réunions ?* cela demande un peu plus de détail; en voici toutefois les préliminaires, et comment nous y procédons.

Après avoir essayé de toutes sortes de ruches, de toutes matières et de toutes les formes; ruches en cloches d'une seule pièce, ruches à la Lombard avec un bonnet, ruches pyramidales de Du Couédic à trois étages; ruches à la Duchet, à la Palteau, ruches carrées en bois, ruches cylindriques en paille, etc. etc., j'ai cru remarquer de grands avantages dans les ruches à petites hausses en paille de Stanislas Beaunier, que j'ai adoptées définitivement depuis huit à dix ans, avec quelques rectifications et perfectionnemens qui les rendent très-simples, très-commodes, et très-économiques. Chacun peut les faire soi-même ; et elles facilitent singulièrement toutes les manœuvres qu'on est obligé de faire dans la culture de nos insectes.

Ruches à petites hausses, de Stanislas Beaunier, perfectionnées par l'auteur.

« Les ruches à hausses, dit
» Beaunier, n'ont point les dé-
» fauts des autres ruches ; et les
» avantages qu'elles procurent
» ne sont point contrebalancés
» par les prétendus inconvéniens

Les ruches à hausses n'ont pas les défaut dés autre ches.

» qu'on leur a reprochés. C'est
» ce dont j'ai acquis la preuve
» par la pratique. (*Experto*
» *crede Roberto*).

» Lorsqu'on fait usage de haus-
» ses, dit encore Beaunier, on
» peut 1° augmenter ou diminuer
» la capacité de ses vaisseaux; et,
» par là, procurer plus de cha-
» leur aux abeilles, leur donner
» plus de facilité pour se défen-
» dre, en ne laissant point inu-
» tilement d'espace vide ; leur
» fournir une hausse remplie de
» provisions; *réunir ensemble les*
» *mouches de deux ruches;* enfin
» rendre forte *une ruche naturel-*
» *lement faible ;* 2° *Récolter le*
» *miel et la cire par une opéra-*
» *tion* aussi prompte que facile,
» plus agréable que pénible, sans

On peut en augmenter ou diminuer la capacité selon le besoin et la population de la ruche. Les abeilles y ont plus chaud, plus de facili-té à s'y défen-dre de leurs ennemis. On peut les y nourrir et les renforcer ai-sément, y ré-colter plus de miel, plus de cire, et plus fa-

» nuire aux abeilles, sans les
» agiter, et même sans interrom-
» pre absolument leur travaux;
» 3° Faire en certain temps des
» récoltes extraordinaires de cire
» par lesquelles on se procure un
» grand bénéfice; tel est le secret
» pour obliger les abeilles à tra-
» vailler en cire nouvelle; 4° Ré-
» colter aussi du miel en été avec
» la plus grande facilité, dans un
» temps où il est le plus beau et
» le plus cher; et cela en très-
» grande quantité, sans, pour
» ainsi dire, faire périr une seule
» abeille; 5° Se procurer des es-
» saims artificiels plus facilement
» qu'avec toute autre ruche,
» d'une manière plus naturelle;
» et avec un succès plus com-
» plet; 6° Eviter très-facilement

cilement que dans toutes les autres ruches.

Y faire des récoltes ex- traordinaires, sans faire pé- rir une seule abeille.

Se procurer des essaims artificiels plus facilement.

» les attaques des teignes qui,
» avec les dimensions prescrites,
» n'ont pas le temps ni la facilité
» de s'y loger, encore moins d'y
» causer le ravage qu'elles peu-
» vent faire si facilement dans les
» autres ruches ; 7° Enfin, avec
» celles à petites hausses, toutes
» les opérations se font avec pu-
» reté ; et c'est par une précau-
» tion quelquefois superflue que
» je conseille l'usage des mas-
» ques et vêtemens qui garan-
» tissent des piqûres d'abeilles.

Les masques mêmes sont en quelque sorte inutiles avec des hausses.

» D'ailleurs il ne faut pas plus
» de soins et même encore moins
» aux ruches à hausses qu'aux
» autres ruches ; et si on trouve
» gênant de n'en mettre qu'à
» mesure du besoin, rien n'em-
» pêche d'en placer plusieurs à

Elles demandent moins de soins que les ruches sans hausses.

» la fois, pour qu'elles soient
» d'une capacité convenable à
» la quantité d'abeilles. »

Tout cet exposé de Stanislas Beaunier est parfaitement juste ; l'expérience me l'a prouvé et me le prouve tous les jours. Les ruches à petites hausses n'ont aucun défaut des autres ruches, dont le plus grand, selon moi, est d'être d'une capacité toujours constante et invariable. Si la ruche est grande, un faible essaim ne peut la remplir en une seule campagne, et l'hiver suivant il y périt de froid, ne pouvant échauffer tout l'espace ; il s'est d'ailleurs épuisé à bâtir des magasins et n'a pas eu le temps ni la force de les remplir : s'il ne périt de

Elles n'en ont pas les défauts, dont le plus grand est une capacité invariable.

Défauts d'une grande ruche.

froid ce sera d'inanition. Si la ruche est de grandeur médiocre ou petite, un essaim considérable ne peut s'y plaire n'ayant pas l'espace nécessaire à ses magasins; si la ruche a la capacité convenable au moment de l'essaim, bientôt elle sera trop petite, pour contenir toutes les mouches, et tout le couvain qui vient à éclore successivement; si enfin elle peut suffire à loger ce couvain et toutes les mouches qui en sortiront, ainsi que les provisions nécessaires, bientôt elle sera trop grande quand la population sera diminuée par les frimas, les excursions de nos ouvrières, (pendant lesquelles il en reste beaucoup en che-

*Défauts d'une ruche médiocre.*

*Ayant même un moment la capacité convenable.*

*Elle devient bientôt trop grande.*

min ), par la neige, la gelée, les mauvais temps, puis les accidens, les teignes, les guêpes, les souris et toutes les vicissitudes auxquelles ces ouvrières sont exposées. Si la ruche est médiocre ou petite, et quelle ait traversé la mauvaise saison, *Autres défauts des ruches médiocres.* la ponte de la reine qui est prodigieuse a bientôt rempli tout l'espace, et cet espace devient tout à coup trop étroit, et ne peut contenir toute la population : ce serait le moment propice aux essaims naturels; mais *Essaims naturels.* le moindre vent un peu froid, un seul nuage ou autres accidens *Ce qui souvent les empêche.* s'opposent à la sortie de la reine qui est très frileuse. Alors *Naissance des jeunes reines.* l'essaim ne sort pas; on est obligé de rentrer, c'est le moment où commencent d'éclore les jeunes reines, pour lesquelles la reine-mère a une aversion insurmontable. Alors si elle n'a pas émigré avec une partie des ouvrières, elle cherche les jeunes reines pour les égorger l'une après l'autre, à mesure qu'elles sortent de leur berceau, et souvent elle en vient à bout; alors il n'y a pas d'essaim de toute l'année : si l'une d'elles est bien gardée, la reine-mère entre dans une grande fureur, les ouvrières sont dans une grande agitation, la chaleur de l'intérieur de la ruche devient insupportable : alors si l'essaim ne sort pas, elles se tiennent presque toutes en dehors pour que la tempé-

Aversion de la reine-mère pour elles.

Elle cherche à les égorger.

Grande agitation dans la ruche. Chaleur insupportable.

rature intérieure soit toujours convenable au couvain, et qu'il continue d'éclore; c'est alors *qu'elles font la barbe* et res- tent à ne rien faire, pendant que la reine dominante, dont le tempérament est plus robuste que celui de ses sujets, peut librement parcourir tous les coins et recoins de son domaine, et y détruire non-seulement les jeunes reines encore faibles ou prêtes à éclore, mais jusqu'à leurs œufs, dans les alvéoles qui leur sont préparées d'avance : c'est l'instant de faire un essaim artificiel, (1) pour utiliser le

Les abeilles *font la barbe,* et ne travaillent plus.

Utilité et nécessité de

______________

(1) On peut, et il est souvent utile d'en faire auparavant, ne fût-ce que pour éviter l'ennui et les frais d'une surveillance continuelle.

temps et les bras de nos ouvrières, qui pourraient rester plusieurs semaines sans rien faire.
C'est alors que notre ruche à
petite hausse nous est d'un
grand secours, aucune autre ne
pouvant la suppléer à cet égard ;
et voici comme nous procédons à cet essaim artificiel.



Il faut concevoir d'abord
que chacune de nos hausses est
en paille d'un bon pouce d'é-
paisseur, (1) et dans la forme

_______________

(1) La paille est plus fraîche en été,
plus chaude en hiver, plus facile à travailler que le bois, qui exige un me-
nuisier, tandis que tout le monde peut
facilement travailler la paille au coin
de son feu, l'hiver comme l'été, et
partout ailleurs.

rondé, c'est-à-dire cylindrique,
qui concentre mieux la chaleur. Elles doivent avoir onze
pouces juste ( 30 centimètres
au plus ) de diamètre intérieur, sur trois pouces ( 8 centimètres ) au moins, et trois
pouces et demie ( 9 cent. 1/2 )
au plus de hauteur. Ces hausses sont traversées diamétrale-
ment dans le cordon supérieur
par deux baguettes en croix de
cinq à six lignes ( 12 millimètres ) au plus de largeur, et
une bonne ligne ( 3 millimètres ) d'épaisseur ; lesquelles baguettes débordent de quatre
lignes ( 8 à 10 millimètres ) au
plus le disque de paille, et y
sont percées d'un petit trou
pour y passer une petite ficelle

destinée à attacher chaque hausse avec celle qui lui sera supérieure.

Outre ces deux baguettes en croix à chaque hausse, il y en a quatre autres plus petites et plus minces, qui, dans le même plan, leur sont parallèles, qui ne débordent point la paille, et forment avec les précédentes un grand grillage auquel les abeilles peuvent attacher leurs ouvrages en cire, et supporter ainsi leurs magasins de miel sans interruption du haut en bas de la ruche, quand elle est formée par la réunion de plusieurs hausses au-dessus les unes des autres. (*Voyez le plan ci-après d'une de ces hausses avec son grillage*).

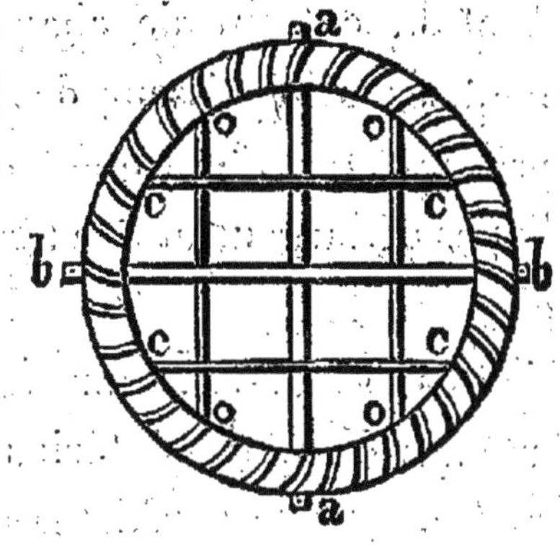

*aa* et *bb* sont les deux principales baguettes qui débordent la hausse de paille en *a*
et en *b* , où elles sont percées
d'un petit trou pour recevoir
une ficelle dont chaque bout
doit avoir cinq à six pouces
( 14 à 15 centimètres ) de
longueur pour attacher chaque hausse à celle qui lui est
supérieure.

*cc* et *oo* sont quatre petites baguettes parallèles aux précé-

dentes , entrant de chaque bout dans l'épaisseur de la paille, et qui n'ont que trois lignes de largeur et une ligne d'épaisseur.

*Moyen de fabrication des hausses, pour qu'elles soient toutes du même diamètre intérieur.*

Toutes les hausses, pour avoir les mêmes diamètres intérieurs $aa$ et $bb$, et être parfaitement rondes, ont été fabriquées sur le même moule, qui est un rouleau ou cylindre tourné au tour de onze pouces de diamètre ou épaisseur, et quatorze à quinze pouces de hauteur. Un des bouts de ce cylindre a trois ou quatre lignes de diamètre moins que l'autre : c'est sur ce bout-là que l'ouvrier prend ses dimensions pour fabriquer sa hausse. Quand elle est finie et bien juste à ce bout-là, il la fait descendre de force au gros bout, en la frappant comme on fait les cercles sur un tonneau, et on l'y laisse au moins vingt-quatre heures pour fixer son diamètre intérieur juste à onze pouces (1). Alors on parvient à avoir des hausses qui se conviennent toutes parfaitement, parce qu'elles ont toutes le même diamètre intérieur.

Veut-on de toutes ces hausses en former une seule ruche ? on

Manière de faire une ru-

______

(1) J'ai essayé des hausses plus petites que onze pouces de diamètre ; la gelée pénétrait plus facilement dans les ruches. J'en ai essayé de plus larges et de plus hautes, on ne trouvait plus le moment d'enlever du miel sans couvain dans la hausse supérieure.

4

che avec des hausses.

en prend d'abord une sur les baguettes de laquelle on attache, avec ses petites ficelles, un plateau rond en paille de treize pouces (35 centimètres) au plus de diamètre, percé au centre d'un trou rond, bouché habituellement par un bondon de tonneau. C'est par ce trou qu'on pourra voir un peu ce qui se passera dans la ruche, et qu'on y introduira des vivres ou de la fumée quand il sera nécessaire.

Bonnet de la ruche.

Cette première hausse ainsi ajustée formera le bonnet de la ruche, en *retorchant* la jonction du plateau supérieur avec

Du *pourjet.*

du *pourjet*, espèce de mortier fait avec de la bouze de vache, de la charrée ou cendres de lessives (à peu près moitié d'un et d'autre) et un peu d'eau.

Sous ce bonnet on attache une seconde hausse par le moyen de ses ficelles enlacées à celles qui tiennent le plateau supérieur, et on les serre forte- ment avec des petits tourni- quets de bois d'un pouce et de- mi (4 centimètres) au plus de longueur, que l'on tourne et re- tourne plusieurs fois dans le même sens, pour donner de la solidité à cet assemblage. Cette opération terminée, on applique du *pourjet* sur la jointure des deux hausses et tout à l'entour. Voilà déjà une petite ruche ca- pable de recevoir la plupart des essaims naturels en la posant sur une troisième hausse qu'on

*Assujettir les hausses les u- nes aux au- tres.*

*Garnir la jointure avec du pourjet.*

Ruche à trois hausses.

attache le soir ou le lendemain à la seconde hausse, comme nous venons de l'expliquer.

Si l'essaim est trop gros pour être contenu dans le premier moment dans cette ruche à deux hausses, à l'aide de la troisième, on lui en présente une à trois hausses fixées ensemble, et on lui en donne une quatrième

Ruche à quatre hausses.

pour support provisoire qu'on attache également le soir ou le lendemain.

Dans tous les cas, il faut, pour bien faire, avoir un sup-

Support en bois toujours nécessaire.

port en bois, inférieur à toutes les hausses, pour transporter la ruche le soir à sa place définitive, et faciliter le nettoiement, et d'autres opérations ultérieures.

Quand l'essaim a rempli ses trois hausses , à peu de chose près, on lui en donne une quatrième, puis une cinquième et même une sixième, si on le juge à propos. Cela dépend de l'abondance du pays, de la saison plus ou moins favorable, de la position de la ruche et de la propriété sur laquelle on l'a établie. Dans ma position, je suis presque toujours forcé de m'en tenir à cinq hausses ; et même, aux mères-ruches, après l'hiver, je ne leur en donne au plus que quatre, jusqu'au moment où elles ont donné un essaim naturel ou artificiel ; alors je leur donne la cinquième hausse pour les empêcher d'essaimer encore ; ce qui pourrait les fati-

Ruches à cinq et à six hausses.

4*

On donne une hausse à une ruche qui vient d'essaimer. Si elle essaime enco-re, et que l'es-saim soit fai-ble ou tardif, on le rend à sa mère ou à une autre ru-che faible.

guer et les épuiser même. Si cette précaution ne réussit pas, et que l'essaim soit faible ou trop tardif, on le récolte dans un bonnet vide à la Lombard, sans y mettre de baguettes; et le soir même, on le rend à sa mère-ruche, ou bien on le mêle à toute autre qu'on ne trouverait pas suffisamment garnie de mouches.

Manière de faire ce mé-lange.

Pour faire ce mélange, on apporte doucement l'essaim, à la chute du jour, auprès de la ruche dans laquelle on veut l'introduire; on tient un mo-ment cette ruche au-dessus d'un peu de fumée de linge blanc ou de crottin sec de cheval. Pendant ce temps, une autre personne soulève l'essaim d'une main, et le frappe avec force sur le tablier de la ruche. On a deux baguettes toutes prêtes qu'on met sur le dos des mouches qui s'éparpillent, et on pose bien vite la ruche sur ces baguettes qui la tiennent un peu soulevée. Bientôt toutes les mouches de l'essaim montent dans la ruche, où elles sont reçues sans la moindre querelle, à raison de l'emploi qu'on a fait de la fumée. Tout au plus, le lendemain voit-on les corps de cinq à six mouches, écrasées par le poids de la ruche sur les baguettes ; et celui d'une des deux reines ayant combattu sa rivale, sans qu'aucune abeille ait pris part à cette querelle particulière. Voilà pourtant le résultat de cet attachement, tant vanté par nos modernes professeurs, de la part des sujets de cet empire pour leur souveraine ! Quoi qu'il en soit, on peut ôter alors les baguettes qui sont encore sous la ruche, et la garnir de pourjet sur son support, comme elle devait l'être précédemment.

Le temps des essaims étant passé, sans que j'aie encore récolté une seule goutte de miel de toute l'année, j'attends encore jusque vers le vingt ou le vingt-cinq juillet pour faire cette récolte. Alors je fais la revue de mon thieble; je ne touche point à mes essaims, à moins qu'ils n'aient leurs cinq hausses toutes bien garnies, et

Récolte de miel vers le 25 juillet.

Essaims à récolter. Ils doivent peser

ne pèsent au moins *quarante*
*livres.* Ceux du mois de mai
sont presque tous dans ce cas :
alors on y trouve le plus beau
miel et la plus belle cire qui soit
au monde.

quarante li-
vres au moins,
ou bien on n'y
touche pas.

Quant aux vieilles ruches, il
faut qu'elles aient aussi leurs
cinq hausses, et qu'elles soient
à peu près du même poids.
Alors je procède, pour chaque
ruche, de la manière suivante :

Les mères-
ruches de mê-
me.

Je commence à ôter le pourjet qui est entre les deux hausses supérieures. J'ôte ensuite le
bondon du couvercle, et je
souffle de la fumée dans la ruche, avec la bouche et un en-
fumoir, espèce d'entonnoir dou-
ble à deux douilles et deux gril-

Comment
on se prépare
à cette ré-
colte.

les , dans le milieu duquel on met du feu et du crottin sec de cheval.

Quand on pense que les abeilles ne sont plus qu'en petit nombre dans la hausse supé‑rieure , ce qui arrive presque toujours à la fin de juillet, alors je prends un grand couteau de cuisine , dont la lame ne soit pas trop épaisse , et je l'intro‑duis avec un peu de force et d'adresse entre les deux hausses supérieures, en tournant le cou‑teau tout autour de la ruche.

On enlève la hausse su‑périeure.

J'en ai bientôt détaché la hausse supérieure , et tout ce qu'elle contient de miel et de cire. Je l'enlève et la retourne aussitôt, et je la remplace par un plateau rond, en paille, de treize pouces de diamètre avec son bondon, que nous avons décrit précédemment; je garnis bien vite la jointure de pourjet, et j'emporte une hausse pleine de miel dans une chambre dont la croisée bien fermée soit du côté du soleil. J'en ferme soigneusement la porte. Je retourne ensuite à ma ruche pour y attacher le plateau à la hausse supérieure, avec les petites ficelles de cette hausse, au moyen d'une haleine courbe de bourrelier.

Pendant ce temps, le peu de mouches que j'ai récoltées, sortent paisiblement de leur hausse, et vont s'attacher à la

On la porte dans une chambre qui ferme bien.

Les mouches qui y sont encore l'abandonnent,

croisée de la chambre. J'ouvre alors cette croisée, et je les chasse dehors, d'où elles regagnent promptement leur mère-ruche. Je puis alors extraire mon miel et ma cire, hors de ma hausse ; et je n'ai pas fait périr une demi - douzaine ou une douzaine de mouches tout au plus, pour avoir cette récolte presque toujours belle et abondante : car elle n'est ordinairement pas moins de quatre à cinq livres de très-beau et bon miel quand il a été coulé à froid au travers d'une chausse de toile claire, et de deux à trois livres de cire brute et blanche, ou facile à blanchir. A la vérité, on n'aura plus de rosées de mai

*La récolte est toujours belle et abondante ; le miel toujours bon, et la cire facile à blanchir : il faut la fondre de suite.*

la même année, pour la blanchir exactement; mais une fois fondue (1); cette cire pourra se garder facilement jusqu'au printemps suivant, et même plusieurs années de suite; et l'on ne perdra rien pour l'avoir attendu.

Si j'ai plusieurs ruches à récolter, je puis y procéder le même jour et de la même manière, ou attendre au lendemain, suivant ma commodité; et toujours par un beau soleil et de neuf heures du matin à deux de l'après midi. Pourvu

La récolte de toutes les ruches peut se faire de même.

—

(1) Si on ne la fondait pas, les vers s'y mettraient, et elle serait bientôt hors de service.

5

que cette récolte soit faite avant le premier août, cela sera suffisant. Alors il restera aux abeilles encore un mois plein, et souvent six semaines, pour réparer leurs pertes, et achever de remplir de miel les quatre hausses qui leur restent (1), à mesure que le couvain encore existant vient à éclore. Or pour

Les abeilles auront encore le temps de réparer leurs pertes.

_____________________

(1) Il faudra presque toujours mettre une cinquième hausse sous les quatre restantes des ruches récoltées, vu qu'il ferait probablement trop chaud dans la ruche, pour permettre aux abeilles d'y travailler toutes à leur approvisionnement : d'autant que l'entrée doit être toujours un peu étroite, pour qu'elle soit bien gardée contre l'invasion des guêpes, des papillons de teigne, etc.

peu que la chaleur fasse encore suinter du miel au fond du calice des fleurs et sur les feuilles des arbres, dans les jours caniculaires, je suis bien assuré que mes abeilles seront abondamment pourvues pour l'hiver suivant. Si elles ne l'étaient pas cependant, ce dont on jugera facilement au poids, vers le 15 septembre suivant, il faudrait les réunir à d'autres, ou leur rendre une partie et peut-être la totalité de ce qu'on leur aurait enlevé, sans attendre plus tard. C'est alors que notre bondon nous serait d'un grand secours, soit pour introduire la nourriture des abeilles par le trou supérieur de la ruche, soit pour mettre tout simple-

Au quinze septembre on en jugera par le poids.

On pourrait alors réunir les plus faibles à de plus fortes, ou leur donner à manger, mais sans plus tarder.

ment cette nourriture , *comme
je le fais toujours* ; sur le pla‑
teau même, autour du bondon
avant de l'ôter. Une fois la
nourriture bien étalée, j'ouvre
la communication ; j'enlève le
bondon et je place de suite une
hausse avec son couvercle, en
forme de bonnet, sur le tout ;
puis je garnis la jointure avec
du pourjet. Alors les abeilles
sortent en foule par le trou du
bondon, et viennent prompte‑
ment sucer le miel ou toute au‑
tre nourriture convenable (1).
Le lendemain ou le surlende‑



---

(1) Je n'en connais pas qui vaille le
miel, fût-il même d'une qualité très-
médiocre.

main, je puis recommencer en ôtant la hausse ( muni de fumée ) et remettant momentanément le bondon dans son trou. Voilà comme je tire parti de mes petites hausses et de leurs perfectionnemens.

NOTA. *Si par hasard en enlevant la hausse supérieure, on y trouvait encore du couvain, il faudrait le ménager, et rapporter la hausse sous la ruche dont elle faisait partie, après en avoir ôté soigneusement le miel et la cire entourant ce couvain. Alors il pourrait encore éclore, et on n'aurait pas besoin de mettre d'autres hausses sous les quatre supérieures.*

Ce qu'il faut faire si on trouvait encore du couvain avec le miel, dans la hausse supérieure.

Enfin nous arrivons au mois

*Revue du mois de septembre.*

de septembre, pendant lequel nous devons faire la revue de nos ruches, et réunir les plus faibles qui ne passeraient pas l'hiver, avec d'autres plus fortes, pour en composer de nouvelles ruches inattaquables par le froid, et surtout par la famine qui, à présent, est peut-être le fléau le plus destructeur de nos chères bocagères.

*Réunir deux ruches de l'ancienne forme, est chose très-difficile.*

C'est ici vraiment le triomphe de nos ruches à petites hausses sur toutes les ruches en usage ou inventées jusqu'à ce jour ; avec ces dernières, rien de plus difficile que d'en réunir deux à la veille de l'hiver, et encore plus au mois de septembre, comme nous l'exigeons pour remplir le but proposé. Avec nos petites hausses, rien au monde de plus facile. Et en effet, qu'avons-nous à faire à la fin de septembre ?

*Réponse.* — Oter toutes les hausses inférieures qui sont vides, ou probablement épuisées de miel par les abeilles courant, encore la campagne, et n'y trouvant rien ou presque plus rien : et nous y procéderons en y employant la fumée, pour faire monter les abeilles dans les hausses supérieures, et notre grand couteau de cuisine, comme nous avons déjà fait pour avoir du miel (1). Je ne

*Rien de plus facile avec les ruches à petites hausses.*

*Otons d'abord toutes les hausses infé-rieures qui ne contiennent rien, ou seulement de la cire.*

______

(1) Dans ces deux opérations, et autres semblables, on coupera sûrement

parle pas seulement des cin-
quièmes hausses inférieures,
qui ont été ajoutées depuis un
mois ou six semaines, pour
donner plus de fraîcheur et
plus d'espace aux abeilles, tra-
vaillant alors à amasser leurs
provisions d'hiver, dans les
hausses supérieures. Je parle
même des quatrièmes hausses,
qui, à la même époque, pou-
vaient encore contenir un peu
de miel et du couvain. Ce dernier doit être éclos entièrement,
et l'autre doit avoir été mangé

Telles sont les quatrième et cinquième hausses.

___________

bien quelques liens de chaque hausse
voisine de la section ; mais c'est un
petit malheur facile à réparer l'hiver
au coin du feu.

par les abeilles au retour des champs, où elles ne trouvaient déjà plus rien depuis quelque temps. Ainsi nous ôterons donc ces quatrièmes hausses, désormais inutiles pour les abeilles et pour notre opération. Voilà encore une forte partie de cire récoltée.

Si, par hasard, il y avait encore un peu de miel dans cette cire, on pourrait la mettre de suite sous une ruche faible, y ajoutant au besoin une hausse vide qu'on garnirait de pourjet, pour éviter le pillage des guêpes et des abeilles voisines.

Nos ruches étant déjà réduites toutes à trois hausses, on en ajoutera une vide au besoin, et surtout aux plus fortes,

Nouvelle récolte de cire.

Les ruches réduites à trois hausses pleines, on leur en donne une quatrième vide pour l'hivernage.

pour leur donner plus d'aisance et plus de fraîcheur : et quand on ne craindra plus les guêpes, on les soulèvera sur de petites cales de trois lignes au plus d'épaisseur, comme nous l'avons déjà dit, afin de les tenir encore plus fraîchement, leur ôter l'envie de tant courir, pour qu'elles ne gagnent pas tant d'appétit, et ménagent leur magasin.

On leur cache la vue du soleil, et même de la lumière, si on le peut.

On fera très-bien en outre de leur cacher la vue du soleil; faire en sorte qu'il ne donne jamais sur le corps de la ruche, et les tenir même dans une parfaite obscurité pendant tout l'automne et tout l'hiver, comme on fait en Russie et dans tous les pays du nord. Par ces divers moyens, on ne perdra aucune ruche bien peuplée et bien approvisionnée. Mais avant de faire ces préparatifs *d'hi-vernage*, il sera nécessaire, dès le mois de septembre, comme nous l'avons dit, de réunir les plus faibles aux plus fortes. Voici comme j'y procède :

Je pèse et j'examine bien l'état de mes ruches, et j'en tiens note. Je les réunis ensuite de manière à ce que toutes les ruches ainsi composées, aient au moins trois hausses pleines de miel ou l'équivalent, pesant de trente à trente-cinq livres compris ces trois hausses. Pour arriver à ce résultat, il faudra quelquefois séparer une ruche en deux parties, ce qui est toujours facile avec nos petites

Avant cela on réunit les ruches faibles à de plus fortes, dès le mois de septembre.

On pèse les ruches, on décide les réunions à faire.

hausses, en y employant un peu de fumée.



Comment on procède à ces réunions. Les réunions une fois arrêtées et fixées d'avance par des numéros, pour éviter la confusion, on apporte la partie la plus forte et la mieux approvisionnée sur la plus faible, en employant encore la fumée sur l'une et l'autre, après avoir ôté le couvercle de cette dernière; on garnit la jointure avec du pourjet, on attache l'une et l'autre ensemble avec les ficelles et les tourniquets; et l'opération se trouve ainsi consommée. Quinze jours, trois semaines ou un mois après, on pourra ôter la partie inférieure; on n'y trouvera plus que de la cire. Tout le miel qui y était, aura été consommé de préférence à celui de la partie supérieure , ou bien remonté dans les alvéoles vides de couvain qui en manquaient encore. On mettra une hausse vide sous la partie restante : et la voilà en état d'affronter le froid et la famine jusqu'au printemps prochain, c'est-à-dire, jusqu'à ce que les abeilles puissent trouver d'autres vivres dans la campagne. Jugez maintenant si vous pourriez arriver à un pareil résultat avec vos ruches en cloche, à bonnets, pyramidales et autres, et si ces dernières peuvent entrer en comparaison avec nos petites hausses.

Cependant vos ruches vous

Avantages des ruches à hausses sur toutes les autres.

Qui coû-
tent cher et
ont beaucoup
d'inconvé-
niens.

coûtent chacune au moins quarante ou cinquante sols, et peut-être beaucoup plus si elles sont en menuiserie, ou seulement en bois, en charpente ou autrement, c'est-à-dire, toujours trop froides en hiver, trop chaudes en été, sujettes à se déjeter, à se fendre, à la vermine et à milles autres inconvéniens (1) ; tandis que cha-

---

(1) En paille, nous le répétons comme chose essentielle, les ruches n'éprouvent aucun de ces inconvéniens ; et la forme ronde les rend toujours assez chaudes en hiver, si cette paille est bien serrée et d'un bon pouce d'épaisseur. Elles sont d'ailleurs plus fraîches en été, qu'en toute autre matière : et nous avons vu qu'il y a des circonstances où on ne peut soulever les ru-

'cune de nos petites hausses, fabriquées par un vanier, ne nous coûte jamais plus de cinq sous; un plateau supérieur de treize pouces de diamètre, ne nous coûte pas davantage. Ainsi, pour trente sous, vous pourrez avoir en tout temps une ruche à cinq hausses toute montée, à la réserve des ba-guettes, que je regarde comme

La ruche à petites hausses toute montée, ne coûte que 30 sous.

------

ches pour en rafraîchir les abeilles, de crainte de la teigne; qu'alors si elles y ont trop chaud elles se tiennent au dehors *faisant la barbe* pendant long-temps, sans rien faire, et conséquem-ment au détriment du maître. Ainsi la paille procurant plus de fraîcheur, doit être préférée à toute autre ma-tière, pour faire des ruches.

indispensables, pour soutenir le travail des abeilles, quand on les coupe avec le grand couteau de cuisine. Sans ces baguettes disposées comme je l'ai indiqué, ce travail n'aurait effectivement point de soutien, et tomberait sur le tablier; mais ces baguettes, qui n'empêchent point que ce travail soit continu, et sans interruption du haut en bas, sont faciles à préparer et à poser, et forment une de mes occupations les plus agréables dans les longues soirées d'hiver. Ainsi, chacun pouvant en faire autant, elles ne coûteront rien, ou bien peu de chose au véritable amateur, ainsi qu'au simple cultivateur de nos précieux insectes. Voyez

Le travail des abeilles y est continu du haut en bas.

maintenant si vous pouvez hésiter de donner la préférence à
nos ruches sur les vôtres, telles
qu'elles puissent être.

Toutefois, je le sais et je le
sens souvent par moi-même,
*l'habitude est une seconde na-*
*ture,* et vous ne vous déciderez
pas si promptement à changer
la forme, la matière et la capacité de vos ruches qui, dans
ce cas, ne seraient plus bonnes
qu'à brûler. Ce ne pourrait être
d'ailleurs qu'à la longue (1),

*Préférence qu'elles méri-tent.*

*L'habitude des autres ru-ches s'oppose seule à leur adoption.*

_______________

(1) Stanislas Beaunier indique des
moyens de transformer les ruches en
cloche en ruches à hausses ; mais les
moyens en sont un peu violens, et ne
seront probablement pas adoptés.

Il faut en essayer.

par de nouveaux essaims printaniers, et quand l'expérience,
ou au moins quelques essais
sous vos yeux, vous auront
pleinement convaincus. Mais en
attendant, vous voudriez probablement bien savoir comment
réunir vos ruches faibles en
cloche ou autrement, à de plus
fortes, et sauver ainsi les unes
et les autres d'une destruction
presqu'inévitable pendant l'hiver prochain, qui s'approche à
grands pas. C'est pourquoi je
vais vous communiquer mes
idées, qui très-probablement
doivent réussir, quoique je ne
puisse absolument vous en garantir l'effet, puisque je n'ai
point essayé de les mettre à
exécution.

En atten-
dant, com-
ment faire
pour réunir
des ruches en
cloche et au-
tres ?

( 95 )

L'expérience m'a prouvé ce-pendant ( *Experto crede Ro-berto* ) qu'on pouvait faire sortir les abeilles d'une ruche peuplée (même de couvain ) pour en faire entrer une très-grande par-tie dans une autre qui soit vide, en y employant la fumée avec modération, ou bien en frap-pant sur la ruche pleine, des deux côtés et tout au tour, à petits coups redoublés. C'est ainsi que j'ai fait plusieurs essaims artificiels, d'après les documens de nos plus grands docteurs en cette partie : essayons donc ces moyens ensemble ou séparément.



Si les deux ruches que vous voulez réunir en septembre prochain, ont la forme d'une

che garnie d'autres abeil- cloche, et ont le même diamè-
les, avec leur tre à leur base, alors vous ren-
ouvrage. verserez la ruche la plus faible, la pointe en bas, dans les
bâtons d'une chaise couchée,
proche le tablier de cette ruche, après l'avoir un peu en-
fumée; vous apporterez l'autre
ruche plus forte également en-
fumée, et vous la poserez sur
la plus faible, dans sa position
naturelle, bouche contre bouche; vous entourerez la jointure avec un linge mouillé, et

On bat la vous commencerez de battre
caisse sur les la caisse avec deux baguettes
côtés de la ru- sur les côtés et tout autour de
che. la ruche d'en bas, en commen-
çant près de la pointe, et re-
montant insensiblement vers
le linge mouillé. Provisoire-

ment, vous auréz mis un bonnet en paille et à queue, au lieu
et place de chaque ruche, pour
recevoir les abeilles en excursions, qui reviendraient successivement, comptant y trouver
leurs camarades et leurs magasins. Cela les empêchera de
se jeter dans les ruches voisines, ou de se perdre ailleurs.

Quand vous aurez battu la
caisse de la sorte pendant un
bon quart d'heure ou une de-
mi-heure, vous tâcherez de
voir si les abeilles inférieures
sont toutes montées dans la ruche supérieure. S'il en reste
beaucoup encore dans la ruche
du bas, vous ferez un ou plusieurs trous autour de son man-
che par lesquels vous introdui-

Recueillir
les mouches
en excursions
quand elles
rentrent.

rez de la fumée que vous for-cerez de monter dans cette ruche, (en l'entourant, ainsi que la chaise et le pot de la fu-mée, par un drap mouillé) et vous laisserez quelques issues à cette fumée dans la ruche su-périeure, en la perçant de plu-sieurs trous, au-dessus du drap mouillé, avec une alêne de bourrelier. Cela facilitera votre opération, sans permettre à au-cune abeille de sortir, vu que les issues dont nous venons de parler seront trop petites. Alors je ne pense pas qu'aucune abeille puisse résister à ces deux moyens, et il est plus que pro-bable que vous réussirez à join-dre toutes les abeilles inférieu-res aux supérieures. Mais vous

ne pourrez joindre les deux
magasins qu'en détachant ensuite tous les gâteaux de miel
de la ruche faible, et les mettant successivement dans une
hausse, sous l'autre ruche que
vous aurez remise à sa place.
Alors les mouches suceront facilement ce miel, en feront
usage, et remonteront le surplus dans les magasins supé-
rieurs. S'il restait quelques
mouches attachées à ce miel
ou à la cire environnante, il
faudrait les y laisser. Elles s'ha-
bitueront facilement au nouveau local, dont vous tiendrez
l'entrée très-étroite pendant un
jour ou deux, pour éviter le
pillage des voisines.

Quant aux abeilles qui étaient

Ce qu'on fait des abeilles qui étaient en campagne.

en campagne, et sont rentrées sous le bonnet qui tient la place de la ruche faible, il sera facile de les rapporter le soir sous la ruche forte, comme nous l'avons indiqué page 70. Je ne parle pas de celles de la ruche forte qui étaient en campagne, et qui seraient sous le bonnet à sa place ; elles y sont toujours, où ne manqueront pas d'y revenir.

Réunions des ruches de différentes formes.

Si les deux ruches à réunir n'étaient pas du même diamètre ou de la même forme, que l'une fût carrée, par exemple, et l'autre ronde ; cela serait moins facile. Alors on essaierait toujours de placer la plus forte sur la plus faible, en traversant la ruche inférieure près

de sa bouche, par deux baguettes en croix un peu fortes, qui
puissent supporter la supérieure, et l'on entourerait également la jonction avec un drap
mouillé qui ne devrait pas laisser d'issue à la fumée. Le reste
de l'opération ayant lieu comme
dans l'exemple précédent, on
en obtiendra probablement le
même résultat.

Je n'insisterai pas davantage
sur ces divers procédés que je
crois avoir expliqués suffisamment pour être compris par
tout le monde; je récapitulerai
seulement ce que j'ai avancé et
que je crois avoir prouvé, savoir : 1° Que le peu de soin ou
les soins mal entendus qu'on
des abeilles, surtout dans la

Récapitula-<br>tion.

6

*périr beaucoup d'abeilles.*

*Idem*, la *manie* de les dépouiller au mois de mars.

saison rigoureuse, sont une des causes principales des pertes considérables que l'on fait annuellement dans cette culture ; 2°. Que la mauvaise habitude, disons mieux, la *manie générale* de dépouiller ces insectes au mois de mars, et dans le moment même où ils ont plus de besoins pour se nourrir et élever leur couvain, dans le moment où leur provision est épuisée, et où ils ne trouvent rien ou presque rien au dehors, était encore une des causes principales de la décadence de cette culture, et de la perte d'un grand nombre de ruches, du retard et de la faiblesse des essaims, etc.; 3° Que la forme, la

*La forme et la capacité in*

matière et la capacité toujours

invariables des ruches que l'on employait ordinairement, s'opposaient encore à la multiplication de ces insectes; 4° Qu'il était donc indispensable, 1° Au lieu de renfermer les abeilles pendant l'automne et l'hiver, de leur laisser des communications toujours libres avec l'air extérieur, se contenter de soulever les ruches de 2 ou 3 lignes tout autour, et de les priver du soleil, même de la lumière, pour leur ôter toute envie de faire des excursions, périr loin de leur ruche, ou y rapporter force appétit pour y consommer promptement les provisions; 2° Qu'il était également indispensable de ne rien prendre aux abeilles avant que la saison des essaims fût passée ;

3° Que de toutes les ruches employées jusqu'à ce jour, celles
en paille et à petites hausses,
de onze pouces de diamètre intérieur sur trois pouces ou trois
pouces un quart de hauteur,
étaient seules à préférer, et qu'il
fallait rejeter toutes les autres ;
quelles n'en avaient pas les défauts ; qu'on peut par leur moyen
augmenter ou diminuer la capacité des ruches, suivant le besoin
et les circonstances ; procurer
plus de chaleur aux abeilles,
leur donner plus de facilité pour
se défendre de leurs ennemis,
*réunir plus facilément ensem-*
*ble les mouches de deux ruches,*
rendre forte une ruche naturel-
lemént faible, récolter le miel

*Les petites hausses en paille sont seules à préférer.*

*Détail de leurs avantages.*

et la cire très-facilement, sans
leur nuire, sans les agiter, et
sans, pour ainsi dire, qu'elles
s'en aperçoivent; qu'elles n'exi-
geaient pas plus de soins et encore moins que les autres ruches; qu'elles étaient moins
coûteuses, plus faciles à manier;
qu'elles n'avaient enfin aucun
des défauts des autres ruches,
dont le plus grand, selon moi, est
d'être d'une capacité toujours
invariable, tandis que le nombre des abeilles qui sont pour
y loger varie tous les jours; que
d'ailleurs un des plus grands
moyens de conserver et même
d'augmenter le nombre des ruches étant de n'en avoir que de
bien peuplées et bien approvisionnées pour la mauvaise

Elles sont moins coûteuses, plus faciles à manier, et n'ont pas les défauts des autres ruches.

Surtout celui d'une capacité toujours invariable.

saison, les ruches à petites hausses étaient les seules avec lesquelles on pouvait facilement
faire des *réunions* de ruches
faibles avec les plus fortes, et
d'approvisionner suffisamment
les unes et les autres; qu'on
pouvait, avec ces ruches, pro-
portionner toujours leur capacité avec celles des essaims et
des mères-ruches qui sont tantôt plus, tantôt moins peuplées,
suivant les temps et les saisons.
Enfin nous avons avancé et
nous allons prouver qu'indé-
pendamment de tous les avantages précédens, les ruches à
petites hausses sont encore à
préférer sur toutes les autres
pour la formation des essaims
artificiels qui deviennent sou-

vent nécessaires quand les mouches *font la barbe*, et sont
toujours utiles pour éviter l'ennui et les frais d'une longue
surveillance.

Pour parvenir à cette preuve,
nous rappellerons ce que nous
avons dit (page 88) pour faire
passer les abeilles d'une ruche
dans une autre. C'est aussi le
moyen dont on se sert quelquefois pour former un essaim artificiel. On attend à cet effet
qu'il y ait du couvain de reine
dans la ruche, afin que la reine-
mère passant dans une autre
ruche, la première ne soit pas
exposée à périr, et c'est ce qui
arrive avec du couvain de reine
ou seulement un œuf d'abeille
ouvrière commune qui n'ait

pas plus de trois jours; nous
expliquerons pourquoi ce pri-
vilége. En attendant, il ne s'a-
git donc, pour avoir un essaim
artificiel, que de faire passer
une partie des abeilles avec
leur reine dans une ruche nouvelle, comme nous l'avons indiqué (page 88) et la transporter à quelque distance du lieu
de son origine; et l'on est à
peu près assuré de réussir. Les
abeilles qui ont suivi leur reine
dans la nouvelle ruche, ne l'a-
bandonnent pas dans sa fuite,
et se fixent avec elle dans leur
nouvelle situation.

On fait aussi des essaims artificiels, en coupant dans une
ruche bien garnie d'abeilles et
de couvain, un morceau de

cire contenant du jeune couvain de reine ou simplement
du couvain d'ouvrières qui n'ait
pas plus de trois jours. On attache ce morceau de cire au
haut d'une ruche neuve qu'on
met à la place de l'ancienne ;
puis on transporte celle-ci un
peu loin du lieu où elle était ;
on lui cache le jour et la lumière pendant deux ou trois
jours ; mais il s'en échappe
toujours un assez grand nombre qui retourne à son premier
local, et va grossir l'essaim ;
d'autres qui étaient en campagne s'y joignent, augmentent
la population et l'ouvrage ; et
l'essaim avance tous les jours
dans son travail, et prospère
souvent beaucoup, tandis que

la mère-ruche, toujours bien approvisionnée et garnie de couvain, se recrute tous les jours.

Toutefois on doit sentir que cette manière de se procurer un essaim artificiel et la précédente, peuvent bien ne pas toujours réussir; avec des ruches à petites hausses au contraire, ils sont toujours immanquables. Voici comment on doit s'y prendre (*Experto crede Roberto*) :

*Essaim artificiel immanquable avec les petites hausses.*

C'est à la fin de mai ou au commencement de juin qu'on doit faire cette opération. On attend un beau jour, vers neuf ou dix heures du matin; le soleil donnant alors, une partie des abeilles est en campagne.

On ôte le couvercle supérieur
de la ruche qui doit peser environ quarante-cinq livres et
avoir cinq hausses pleines du
haut en bas. On met une hausse
vide avec son couvercle en Opération<br>préliminaire.
place du couvercle qu'on vient
d'ôter, et on garnit la jointure
avec du pourjet. On attache
ensemble cette hausse avec
celle inférieure, au moyen des
ficelles et des tourniquets, (tout
ce qui précède peut se faire la
veille comme le jour de l'opération qui suit); puis toujours
par un beau soleil, vers onze
heures du matin, on enlève la
ruche, et on la place sur les
bâtons d'une chaise renversée
sous lesquels on fait un peu de
fumée avec du crottin de che-

val bien sec et du brâsier allumé. On entoure la ruche et la chaise avec un drap, pour que la fumée monte dans cette ruche, mais modérément. Bientôt toutes ou presque toutes les abeilles auront monté dans la hausse vide supérieure, et la reine y sera des premières.

On détache alors le pourjet de la seconde hausse avec la pointe d'un couteau ou d'un clou; puis s'étant bien assuré (en y regardant) qu'une très-grande partie des abeilles est montée dans la hausse vide supérieure, on passe le grand couteau de cuisine dans le joint inférieur qu'on vient de préparer, et l'on enlève de la sorte une hausse pleine de miel,

Les abeilles montent dans la hausse vide, supérieure.

De quoi se compose l'es-

ainsi que la hausse vide qui lui est supérieure ; on pose le tout sur une troisième hausse vide. Voilà l'essaim artificiel qu'on emporte loin de la souche. On garnit de pourjet la jointure, ainsi que le bas où il pose sur un plateau de bois comme toutes les autres ruches ; on le couvre de linge ou d'un manteau en paille, pour lui cacher le jour, et pour que les mouches ne soient pas tentées d'aller de suite rejoindre la souche : le lendemain elles n'y pensent plus, et on a un fort essaim bien approvisionné.

Quant à la souche restée en place, on pose un plateau en paille dessus, qu'on garnit de pourjet, et les quatre hausses

inférieures étant pleines de cire,
de miel, ou de couvain, se trouvent aussi bientôt garnies de
mouches, tant de celles qui
sont aux champs qui y rentrent,
que de celles de l'essaim qui y
reviennent par habitude, et de
celles qui éclosent à chaque
instant; c'est pourquoi cette
souche ne peut manquer de
prospérer, et de remplacer la
mère-ruche, en lui donnant
encore une hausse quand elle
en aura besoin.

« Mais, dira-t-on, en enle-
» vant l'essaim qui contenait
» presque toutes les abeilles,
» vous avez probablement en-
» levé la reine, autrement cet es-
» saim ne réussirait pas. Or si
» vous avez enlevé la reine, il

La souche
n'a plus de
reine.

» n'y en a plus dans la souche,
» ainsi cette souche périra infail-
» liblement : car une ruche ne
» peut subsister sans reine, et
» est bientôt au pillage. »

Détrompez-vous, messieurs les dissidens ; je crois d'ailleurs avoir prévenu cette objection ; en tous cas, *voici ma réponse :*

Dans les quatre hausses qui restent à ma souche, si j'ai opéré sur la fin de mai ou dans le courant de juin, il y a nécessairement du couvain de reine. Il est d'ailleurs facile de s'en assurer avec un peu de fumée, pour écarter les abeilles du bas des gâteaux, et où il s'en trouve ordinairement, ainsi qu'aux côtés de la ruche. On le reconnaît aisément à la grosseur des

Cependant elle ne périra pas.

Du couvain de reine lui suffit.

alvéoles qui le contiennent et qui ressemblent à un gland. S'il ne s'en trouvait pas, il suffirait, comme nous l'avons déjà dit, d'un seul œuf d'abeille ou-vrière qui ait moins de trois jours (*Experto crede Roberto*), pour sauver cette colonie de sa destruction. Alors les abeilles s'attacheraient à cet œuf com-me à leur propre reine, en agrandiraient la cellule, et don-neraient une nourriture par-ticulière ou plus abondante au ver qui en sortirait bientôt, et qui, dans peu de jours, se trans-formerait de lui-même en une véritable reine. Pourquoi cela, me direz-vous ?

Parce que toutes les abeilles ouvrières sont elles-mêmes du

sexe féminin, et non pas du sexe neutre ou mulet, comme on l'a cru pendant long-temps ; toute la différence est, qu'ayant reçu l'existence dans des cellules trop étroites, les organes sexuels n'ont pu se développer suffisamment, et qu'ainsi elles sont restées dans l'état neutre ou mulet. Il suffit donc aux ouvrières de construire de grandes cellules ou d'agrandir celle d'un œuf qui n'a pas encore trois jours, pour se procurer une reine. On en a eu la preuve en enfermant un certain nombre d'abeilles avec un gâteau de cire d'un essaim qui n'avait pas encore trois jours, et n'avait point de cellule de reine ; au bout de vingt-quatre

*S'il n'est pas assez grand, les abeilles s'agrandissent convenablement : et 3o jours après, elles ont une reine.*

heures on s'est aperçu que les abeilles avaient déjà travaillé à s'en procurer une, en agrandissant une des cellules au fond de laquelle il y avait un petit œuf collé avec le gluten ordinaire ; et au bout de trente jours il y avait une reine sortie de cette cellule ou alvéole dans cette ruche. *L'histoire des abeilles*, a dit M. Latreille, continuateur de Buffon, *est une suite de prodiges.*

*Prodige encore plus étonnant.*

Voici un prodige bien plus étonnant, qui a été découvert par M. Huber, de Genève, alors qu'il était aveugle et depuis long-temps. C'est l'histoire de l'accouplement d'une jeune reine avec un mâle, qui ne se fait jamais dans la ruche, (la reine étant trop pudique ou la foule y étant trop grande ); mais toujours dans les airs.

Il faut savoir d'abord que la reine n'a besoin que d'un seul accouplement pour être féconde toute sa vie; ( c'est au moins ce que nous disent nos grands docteurs en cette partie). Or, la pudicité de cette reine, toute jeune, l'empêchant de rechercher les mâles dans la ruche, elle en sort un beau jour, quand le besoin la presse, pour tâcher de rencontrer l'un ou l'autre des douze à quinze cents mâles qui voltigent grâvement à l'entour. Le premier qu'elle aperçoit et qui lui plaît, devient son amant heureux, quoiqu'il ne s'en sou-

cie guère, pressentant sans doute que ce sera le terme de son
existence. Se voyant donc pour-
suivi par la reine, il tâche de
fuire ; mais elle le rattrape, lui
grimpe sur le dos, lui presse
les flancs, le trait sort en arc, et
l'accouplement a lieu. La reine



revient aussitôt à sa ruche y
rapportant la preuve de sa fécondation, dont elle se débarrasse
cependant avant d'y rentrer.

Certes, si un aveugle comme



M. Huber, a pu découvrir et
apprendre tous ces détails au
monde clairvoyant, je ne m'é-
tonne plus que le sieur Bottineau, directeur des travaux du
Port-Louis, à l'île de France,
depuis 1776 jusqu'en 1784, y
ait constamment annoncé 2, 3,

4 et 5 jours à l'avance plus de
cinq cents vaisseaux qu'il aper-
cevait à 100, 150 et 200 lieues
en mer, faculté constatée par
huit mois d'épreuves sous les
yeux des autorités de l'île, en
cette même année 1784, et dont
Bottineau rapporta les procès-
verbaux en France, avec de
nombreuses attestations de toutes les personnes les plus considérables de l'île. Malheureusement à son arrivée en France,
les bureaux du ministère étaient
tellement fatigués de deman-
des pour de prétendues découvertes qui n'avaient pas été
justifiées par l'expérience; que,
sur la simple annonce d'une
faculté qui permettait de voir
à 150 ou 200 lieues en mer,

7*

on refusa d'entendre Bottineau;

On le prend pour un visionnaire. on le prit pour un visionnaire, ce qui est cause que sa découverte périt avec lui.

Un sourd croit entendre des cloches énormes dans le lointain. De même, moi qui suis sourd comme une cruche, je ne m'étonne plus d'entendre parfois le carillon de Dunkerque à 80 lieues de moi; et quelquefois la cloche de Moscow qui pèse 45 milliers, quoiqu'à 600 lieues de distance! Que sais-je, si bientôt, du coin de mon feu et quoiqu'à nos antipodes, je n'entendrai pas celles de Pékin, les plus grosses du monde connu?

Un aveugle peut voir par les yeux d'autrui. Mais, pour parler plus sérieusement et dire la vérité tout entière, M. Huber se servait des yeux de *François* son fac-

( 123 )

totum ; et Bottineau, sans char-
latanerie, prétendait que tou
autre pouvait apercevoir à l'ho-
rizon, comme lui, le signe certain de ses indications. Que
ne puis-je, au lieu des cloches,
clochettes et bourdons énormes
qui retentissent dans ma tête,
en distinguer un seul qui dis-
pense ceux qui me parlent de
crier à tue tête dans mes oreil-
les, pour que je les entende
seulement à moitié ; puissé-je
lire au moins sur leurs lèvres,
je n'en voudrais pas davantage !

Je ne m'occuperai point, dans
cette instruction, des moyens
de recueillir les essaims naturels, ni de mille autres détails
bien connus de la culture des
*abeilles*; je me contenterai seu-

Bottineau voyait un phé-nomène pré-curseur de tous les vais-seaux.

Un sourd ne peut com-prendre que le mouvement des lèvres.

Récapitulons en faveur des ruches à hausses.

lement de rappeler que nous avons dit des ruches à petites hausses, qu'elles méritaient la *préférence sur toutes celles employées jusqu'à ce jour*; et je dirai deux mots de ma nouvelle ruche *à hausse et à l'air libre*, dans laquelle j'ai reçu un petit essaim le 10 juin dernier, qui me fait espérer un progrès sensible dans ce genre de culture.

Je ne suis pas l'inventeur des ruches *à l'air libre*; c'est M. Martin, propriétaire à Corbeil, près Paris, qui a eu cette idée le premier, en 1804. Vingt années s'écoulèrent cependant avant qu'il renouvelât sa première expérience. En 1824, sur les instances de ses amis, il

Ruches à l'air libre.

M. Martin en est l'inventeur.

Premier essai en 1804.

Second essai en 1824.

en établit deux , dont une fut achetée et transportée à Versailles par la société d'agriculture de cette ville. En 1825 cette ruche donna deux essaims ; et celle qu'il avait gardée en donna également deux, dont le premier fut placé à Paris au Jardin du Roi : *et tous ceux qu'il recueillit cette même année furent aussi placés à l'air libre.*

En 1825, deux ruches à l'air libre donnent quatre essaims.

J'ignore ce que sont devenues ces dernières ; celui du Jardin du Roi était très-gros , il excita la jalousie des grands faiseurs qui le déplacèrent plusieurs fois dans de mauvais momens : il n'exista pas long-temps.

En 1826,
M. Martin fils
fait imprimer
un traité sur
les ruches à
l'air libre.

En 1828,
voyage à Pa-
ris pour voir
ses ruches.

En 1829,
essaims mis
dans une ru-
che à l'air li-
bre, rectifiée
par l'auteur.

En 1826, le sieur Martin, fils de l'inventeur, fit imprimer un traité sur les ruches *à l'air libre*, dont j'eus bientôt connaissance. Dès lors je conçus un perfectionnement que je viens d'exécuter. En 1828, je fus à Paris, où je vis une ruche à l'air libre chez un voisin du sieur Martin fils ; et je fis part à ce dernier des idées que j'avais conçues, et qu'il ne désapprouva pas. Malheureusement nous étions déjà au mois de juin, et je revins trop tard à mes abeilles pour tenter ce que je préméditais. Cette année 1829, je n'ai pu avoir un essaim naturel que le 10 de juin, de trois ruches très-fortes que j'avais placées près de moi pour suivre plus facilement mon dessein : encore était-il médiocre, et les temps affreux qu'il a essuyés depuis, ont contrarié son travail de toutes manières. J'espère néanmoins que d'ici au 15 septembre, il aura amassé suffisamment de provisions pour traverser l'automne et l'hiver prochain.

Les ruches du sieur Martin sont composées de hausses carrées, en bois, sans parois, d'un pied de largeur en tous sens, sur quatre pouces de hauteur dans œuvre. Les planches du dessus et du dessous sont soutenues par quatre montans qui les joignent, et percées au milieu d'un trou de deux pouces en carré, par où les abeil-

les peuvent communiquer d'u-
ne hausse à l'autre.

Ont deux défauts essentiels.

Ces hausses m'ont paru avoir deux défauts essentiels : le premier d'interrompre le travail des abeilles de quatre en quatre pouces, le second de les forcer de faire une dépense considérable de propolis pour les garnir, ainsi que font toutes les abeilles. D'ailleurs ce trou de deux pouces en carré, dans le centre de chaque hausse, ne peut suffire à la communication des étages entr'eux ; ainsi les abeilles sont forcées de communiquer presque toujours par le dehors de la ruche. D'un autre côté, comme je l'ai prouvé, le bois n'est pas si avantageux que la paille, dans beaucoup de

circonstances ; et la forme carrée et anguleuse n'est pas celle
qui concentre la chaleur et que
les abeilles préfèrent.

J'ai donc imaginé de recti- Rectification
fier les hausses de M. Martin des ruches de
de la manière suivante : M. Martin.

Je prends deux baguettes
principales, comme celles de
mes ruches à hausses, dont j'ai
parlé, page 61 et 62, et qui
n'ont cependant que onze pouces juste de longueur. Je les attache en croix avec un clou d'é-
pingle sur un petit cylindre de
trois pouces et demi de hauteur,
à un pouce et demi des bouts de
chacune de ces baguettes ; je
les cloue encore sur les bouts
de quatre autres petits cylindres d'un pouce de diamètre et

de trois pouces huit à neuf lignes de hauteur. Le premier,
de même diamètre, est un peu
plus court que ces quatre derniers ; parce qu'il supporte les
deux baguettes qui ont le dou-
ble d'épaisseur d'une seule. Je
fixe la position en croix de ces
baguettes par des petits tas-
seaux cloués par bout sur les
petits cylindres, ce qui présente un plan de la figure ci-
dessous.

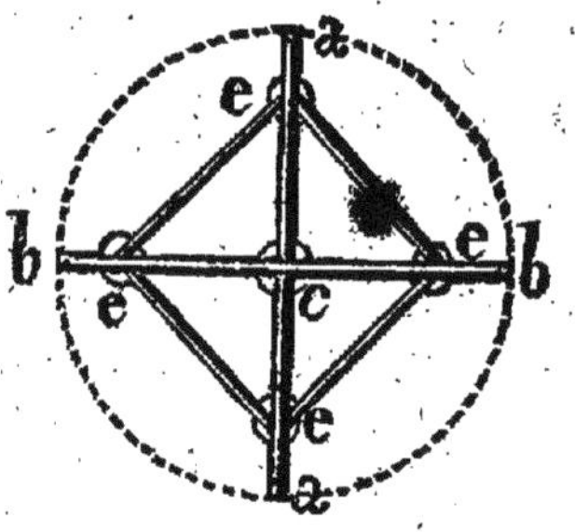

aa et bb sont les deux baguettes principales en croix,

( 131 )

clouées sur un petit cylindre
*c*, dont ne voit que le bout cir-
culaire. Ces deux baguettes
ont onze pouces seulement
de longueur, trois lignes de
largeur et une ligne d'épaisseur.

*e, e, e, e,* sont quatre petits cylindres debout, sur lesquels
sont attachées les baguettes
*aa* et *bb*, et la position de
ces baguettes est fixée d'é-
querre par d'autres petites
baguettes *ee, ee* en aboutis-
sant aux cylindres *e*, à un
pouce et demi des bouts *a*
et *b*.

*(Le cercle ponctué est un
plateau rond, en paille, lié sur
la hausse du haut.)*

En renversant toute cette petite bâtisse, on attache d'autres baguettes pareilles aux précédentes sur l'autre bout des petits cylindres; ce qui produit une hausse pour la ruche à l'air libre. En mettant une seconde hausse pareille sur la précédente, on les attache ensemble au bout de chaque baguette principale avec du fil bien serré, qu'au besoin on peut couper avec un canif ou des ciseaux. Quatre hausses pareilles, surmontées d'un plateau rond en paille, de onze pouces de diamètre forment ma ruche *à l'air libre.*

Essaim introduit dans une ruche à Le 10 juin dernier, j'y ai introduit mon essaim en entourant le tout d'une serviette que j'ai laissée trois jours (j'aurais dû l'y laisser davantage, et pré- voir le mauvais temps), atta- chée au plateau supérieur avec l'écartement nécessaire pour former une entrée aux abeilles. Les deux baguettes inférieures sont clouées sur le support de la ruche, pour éviter toute os- cillation. J'y ai employé des petits clous d'épingle faciles à arracher, si on voulait trans- porter la ruche ailleurs. Le tout est habituellement recou- vert d'un grand surtout rond en paille, qui a dix-huit à vingt pouces de diamètre intérieur, pour que les abeilles ne soient pas tentées d'y attacher leur ouvrage, et qu'en tout temps on puisse les voir travailler,

en ôter le miel et la cire, etc,
en enlevant ce surtout.

Comme l'essaim était mé-
diocre, il n'a étendu son travail de haut en bas, que jusqu'à la hausse inférieure; c'est
pourquoi je pourrai bien ôter
cette hausse inférieure au mois
d'octobre prochain, après avoir
bien complété l'approvisionnement des abeilles qui sem-
blent assez nombreuses. Quelques gâteaux de miel posés sur
le tablier de cette ruche suffiront probablement. En tout
cas, je les aspergerai de miel
mélangé d'eau, avec une
brosse tout autour, et en se
léchant les unes les autres,
elles achèveront leurs provisions. Si pendant l'hiver je

*Manière de nourrir l'hiver prochain cet essaim, s'il est nécessaire.*

m'aperçois que la provision commence à manquer, je la renouvellerai de la même manière, avec la même facilité.

Pour les temps froids, je couvrirai ces abeilles avec une chemise d'étoffe ou avec le bas d'une ruche-Lombard qui doit avoir un pied de diamètre dans œuvre, sur lequel je mettrai un couvercle un peu bombé de quatorze pouces de diamètre, percé au centre d'un trou habituellement bouché par un bondon. Ce trou me donnera la facilité de l'enlever et le remettre sur la ruche intérieure quand je le jugerai à propos. Si le bas de cette ruche à la Lombard n'était pas assez élevé, on pourrait le faire élever davantage

Hivernage de la ruche à l'air libre.

par l'ouvrier ; si elle était trop
haute, on la ferait porter sur de
petites cales de trois lignes d'é-
paisseur , pour laisser aux
abeilles la liberté de sortir
et de communiquer avec l'air
extérieur. Avec ces simples
précautions , la nettoyant de
temps en temps, la garnissant
au besoin de mortier ou de regain , faisant la guerre aux souris , etc. , j'espère que ma ruche
*à l'air libre,* traversera facilement l'automne et l'hiver prochain , et qu'au printemps elle
ne sera pas des dernières à me
donner un essaim, que je pourrai bien mettre aussi dans une
autre ruche de la même espèce,
sauf quelques changemens que
je projette et qui la rendront

encore plus simple et moins
coûteuse à établir. Si avant
l'automne, l'ouvrage des abeilles dans ma ruche actuelle dé-
bordait l'aplomb du couvercle,
j'en ôterais le surplus avant de
la coiffer d'une chemise d'é-
toffe ou du bas de la ruche-
Lombard.

Les principaux avantages
des ruches *à l'air libre*, ainsi
que le dit M. Martin, sont :

1° De pouvoir faire beau-
coup d'observations inconnues
jusqu'à présent, vu que rien
ne peut échapper à la vue, en
écartant les abeilles avec de la
fumée, tantôt d'un côté, tantôt
de l'autre ;

2° D'avoir tous les avantages
des ruches à hausses et de plus

Détail des
avantages des
ruches à l'air
libre.

8

grands encore, sans en avoir l'inconvénient commun à toutes les autres, qui est, d'être fermées de toutes parts et de ne pouvoir y rien observer ;

3° De n'offrir aucune facilité de s'établir au papillon de fausse teigne, le plus grand ennemi des abeilles ; et de pouvoir l'en expulser facilement quand il s'en approchera ;

4° En ménageant pendant le jour plusieurs ouvertures dans les surtouts, les abeilles doivent y travailler davantage dans la belle saison ; de plus, n'ayant rien à propoliser aux parois ni d'une baguette à l'autre, on doit avoir une grande augmentation de cire et de miel ;

5° Pendant les grandes cha-
leurs, les abeilles ne feront
plus *la barbe*; c'est-à-dire, ne
se répandront plus à l'extérieur
pour être plus fraîchement, et
travailleront toujours au profit
du maître;

6° L'air étant sans cesse re-
nouvelé, pendant l'automne
et l'hiver, il n'y aura plus de
moisissures, plus de maladies
qui dépeuplent les ruches;

7° Quels avantages n'aura-t-
on pas, pour tailler les ruches,
enlever la plus vieille cire, qui
déplaît aux abeilles, connaître
au juste ce qu'on peut et qu'on
doit leur laisser de miel, puisque tout peut être mis à découvert?

8° Et pour la réunion de deux

ruches, combien de facilités?
On apportera tout simplement
la ruche la plus faible auprès
de la plus forte, et après les
avoir enfumées toutes les deux,
on arrachera tous les gâteaux
de la ruche faible pour les mettre aux pieds et autour de la
forte; alors les abeilles réunies
suceront ces gâteaux, en re-
porteront le miel dans les alvéoles supérieures; et peu de
jours après on pourra enlever
successivement toute la cire
qui se trouvera vide de miel;

9° Quant aux essaims artificiels, on y procèdera comme
pour nos ruches à petites hausses, si nous ne changeons pas
les supports de nos cases : autrement nous y procèderons

comme nous avons indiqué au bas de la page 108 ;

10° Dans tous les cas où on voudra tailler ses ruches, on devra examiner attentivement d'abord si ce qu'on veut enlever ne contient point de couvain ; et, dans aucune autre ruche, on ne pourra le voir mieux et opérer avec plus de précision. Bien entendu que dans presque toutes les opérations, on devra être masqué et ganté convenablement, et être toujours entouré d'une fumée légère pour que les abeilles soient calmes et retrouvent facilement leur ruche.

*Précautions à prendre avant de toucher aux ruches à l'air libre.*

Il faudra aussi être économe de jouissance, et laisser aux abeilles plus qu'elles n'ont be-

*Etre économe de jouissance.*

8*

soin, à cause des mauvais temps qui peuvent survenir. On le retrouvera toujours plus tard, cette sorte d'insecte ne dépensant jamais que le strict nécessaire.

Nous allons maintenant dire un mot sur chacun des princi-paux ennemis des abeilles, et la manière de les détruire ou les en préserver, afin de tirer tout le parti possible de ces industrieux insectes.

*Des princi-paux ennemis des abeilles.*

Nous avons déjà dit que le principal ennemi des abeilles était l'homme lui-même, celui au profit duquel elles ne cessent de travailler, tandis que, par son insouciance et même son ignorance, il semble ne vouloir que leur anéantisse-

*L'homme est le plus à craindre pour elles.*

ment. Nous avons fait voir, et nous le répéterons peut-être encore plus d'une fois pour qu'on s'en souvienne, combien l'usage de les renfermer trop exactement dans la mauvaise saison, leur était funeste, et que cette espèce de *manie*, ainsi que celle de les dépouiller au commencement du printemps étaient les principales causes de leur ruine, et ce qui en détruisait le plus grand nombre. Qu'on ne s'étonne donc point de nos répétitions à cet égard : il y va de la vie de ces précieux insectes, et de l'intérêt même de ceux qui les cultivent si maladroitement.

Recouvrez exactement vos ruches pendant l'automne et

l'hiver, j'y consens, si elles sont en bois, ou même en paille de peu d'épaisseur. Mettez-y du pourjet, du mortier, des surtouts, du regain, des étoffes de laine et autre chose dessus, s'il fait bien froid ; mais gardez-vous, en aucun moment de cette saison rigoureuse, de les calfeutrer exactement, à l'exception d'une petite entrée que vous rétrécissez tous les jours ; soulevez-les au contraire de deux ou trois lignes tout autour, pour que l'air puisse se renouveler dans la ruche, et que les abeilles puissent sortir elles-mêmes quand elles en ont besoin. Garantissez-les des souris, comme nous le dirons par la suite ;

nettoyez-les de temps en temps, en changeant leur support (1). Voyez alors si elles sont vigoureuses, si elles ont quelques besoins, quelques ennemis qui les tracassent; nettoyez bien les araignées, secourez-les s'il est nécessaire, comme nous l'avons dit et comme nous le dirons encore, surtout *ne les dépouillez point au printemps :*

*Oter les araignées.*

*Ne pas les dépouiller au printemps.*

------

(1) Pour chaque ruche, je regarde comme essentiel d'avoir un support en bois de 15 à 18 lignes d'épaisseur sur 14 à 15 pouces en carré ou en rondeur; ce support qui porte sur le thièble, facilite singulièrement toutes les manœuvres qu'on est obligé de faire, pour les nettoyer, les changer de place, les couper, les réunir, etc.

Réunir les ruches faibles aux plus fortes, en septembre.

alors je vous garantis que vous n'en perdrez que peu ou point du tout, si, dès le mois de septembre, vous avez eu soin de réunir les faibles à de plus fortes, comme nous l'avons expliqué précédemment.

L'abeille quoique frileuse, peut résister aux plus grands froids.

L'abeille, quelque sensible qu'elle soit aux intempéries de la saison quand elle se trouve seule, peut braver les hivers les plus longs et les plus rigoureux si elle se trouve réunie à un grand nombre d'autres suffisamment approvisionnées, et si on lui laisse des communications à l'extérieur pour respirer librement.

Précautions nécessaires.

Surtout que son habitation ne soit pas trop grande. Ne

sait-on pas que quatre ou cinq
personnes seulement, enfermées dans une grande chambre sans feu, quand il gèle très-
fort, ne pourraient y rester
long-temps; tandis que si on y
en mettait une centaine, elles
auraient bientôt trop chaud?
Cependant les quatre ou cinq
personnes ci-dessus, supporte-
raient bien ce grand froid dans
une armoire ou un très-petit
cabinet sans feu.

Proportionnez donc vos ruches, surtout l'hiver, à la quantité d'individus qu'elles contiennent : ce qui vous fait voir
clairement, j'espère, la nécessité de vous servir de ruches à
petites hausses, qui sont les seules qu'on peut diminuer ou

Nouvelle preuve de la nécessité des ruches à petites hausses.

agrandir à volonté, et selon le besoin.

Que l'amateur, le proprié-taire et le détenteur même se servent donc de nos ruches à petites hausses, de préférence à toutes autres. Qu'avec ces hausses, ils réunissent les plus faibles ruches aux plus fortes, dans le mois de septembre, ainsi que nous avons dit ci-devant; qu'ils ne leur ôtent rien au prin-temps, sinon la cire vide. Alors je leur garantis qu'avec les pe-tits soins que nous avons recom-mandés et que nous allons en-core indiquer, ils n'en perdront pas une seule dans la mauvaise saison; et que leurs essaims se-ront nombreux et printaniers, en agrandissant insensiblement leur ruche , à mesure que la population l'exigera (1).

Après l'homme , les deux plus grands ennemis des abeilles sont *le froid* et *la faim*, que l'homme peut combattre facilement , en s'y prenant comme nous l'avons expliqué. Ainsi ils ne peuvent faire de mal que par la négligence ou

Le froid et la faim sont ennemis des abeilles.

---

(1) Si on donnait des hausses trop tôt, on empêcherait souvent les essaims naturels. C'est pourquoi je m'arrête ordinairement quand la ruche en a quatre ; mais j'en donne une cinquième après l'essaim ; ou quand il est déjà un peu tard pour en avoir.

On pourrait en donner une sixième dans les cantons plus fertiles que celui où je me trouve.

9

l'ignorance de l'homme qui ne sait pas les combattre ou néglige de le faire.

Vient ensuite le véritable ennemi des abeilles, celui qui en détruirait un très-grand nombre, si on ne prenait attention à le veiller et le détruire lui-même. Ennemi d'autant plus formidable que bien peu de cultivateurs d'abeilles ne s'en méfient pas, n'y font nulle attention, et qu'il ne paraît pour ainsi dire que la nuit. Nous voulons parler d'un certain papillon connu des naturalistes sous le nom de *teigne*, ou *teigne de la cire*, du genre des *fausses teignes* qui comprend toutes celles qui n'ont point de fourreau portatif. On n'en voit

guère que pendant la belle saison.

Sa femelle presque toujours
plus petite que lui, d'un gris
cendré ( il y en a aussi d'autres
couleurs ), se cache comme lui
pendant le jour autour ou sous
les ruches, sous le tablier ou
les manteaux, enfin dans quelque endroit obscur. Si on les
cherche, et qu'on parvienne à
les découvrir, comme ils ne
voient pas clair au grand jour,
en les poursuivant on parvient
facilement à les écraser avec le
doigt ou tout autre chose. S'ils
échappent; à l'approche de la
nuit, ils commencent à volti-
ger autour des ruches, et s'y
introduisent quand elles sont
faibles ou leur entrée mal gar-

dée (1). Quand une fois ils se sont introduits dans une ruche, la femelle y dépose ses œufs dans l'espérance d'une température convenable pour les faire éclore promptement. Elle préfère les petits coins et et surtout la vieille cire. De chacun de ces œufs il en sort une larve ou chenille sans poil, blanche ou grise suivant l'espèce, dont la tête et les premiers anneaux du corps sont fortifiés par une écaille d'un brun jaunâtre. Ainsi garantie, la teigne ne craint point l'ai-

*Y déposent leurs œufs.*

*Il en sort une chenille sans poil.*

_______________

(1) Raison de plus pour n'avoir que des ruches fortes.

guillon des abeilles qui l'environnent. Bientôt elle se file un fourreau de soie qu'elle prolonge en prenant de la nourriture dans l'épaisseur des rayons, et qu'elle fortifie extérieurement avec ses excrémens et les rognures de la cire qu'elle mange. Ainsi, ces redoutables mineurs, quand ils sont en certain nombre, ont bientôt fait des ravages extraordinaires, en s'avançant toujours vers le haut. S'ils sont arrêtés par le miel ou par les fourreaux des autres teignes, ils passent d'un rayon à l'autre et forment des filets qui interceptent les passages. Alors les abeilles sortent ordinairement toutes à la fois

Ravages qu'elle fait.

Fait déserter les abeilles.

de leur ruche (1). et n'y rentrent que pour y périr après
quelques jours, embarrassées
dans les toiles des teignes qui
occupent alors toute la ruche.
Tout cela peut être l'ouvrage
d'un mois ou six semaines, et
m'est arrivé quelquefois pour
n'avoir pas visité mes ruches
exactement. Qu'on ne s'étonne
donc plus, même en été, de
la désertion des abeilles dans
des ruches faibles ou mal soi-

---

(1) Tel est le sujet de ces espèces
d'essaims tardifs des mois de juillet,
d'août et même de septembre, qui
surprennent tant les ignorans. Regar-
dez alors toutes vos ruches, à coup sûr
vous en trouverez où les teignes ont
établi leur domination.

gnées. Regardez-y après leur
départ; vous les trouverez remplies de teignes et des toiles
qu'elles ont filées comme l'aurait fait un grand nombre d'araignées. Il faut alors se hâter
de les réduire en cendres, de
crainte qu'il ne s'en échappe
une multitude de papillons
nouveaux.   Malheureusement
on ne connaît encore aucun
moyen, que du soin et des ruches fortes, pour se défendre
d'un pareil ennemi. Toutefois
*avec des ruches à petites haus-*
*ses,* dit Beaunier, *la teigne*
*n'est pas à redouter, parce*
*qu'on les change souvent, et*
*qu'ainsi on peut la détruire*
*avant qu'elle ait pu faire ses*
*ravages ordinaires.*

La ruche n'est plus bonne qu'à brûler.

Les ruches à petites hausses peuvent garantir *de la* teigne.

Si d'ailleurs on n'a point à
craindre les accidens du feu,
on peut lui faire la guerre, en
plaçant devant les ruches, sur
le soir et pendant la nuit, des
lampes ou des flambeaux allu-
més, autour desquels un grand
nombre de papillons viennent
faire plusieurs tours et se brûler les ailes. Mais comme beaucoup pourraient encore échapper à ces premiers moyens de
destruction, on pourrait placer
au bas des ruches, de vieux rayons de cire qui ne toucheraient
point à l'ouvrage des abeilles,
et dans lesquels les papillons
déposeraient leurs œufs, qu'on
détruirait facilement; ainsi la
teigne ne pourrait attaquer le
corps de la ruche.

Moyens de
la détruire.

« On peut aussi, dit Lom- 
» bard, enfermer de vieux
» rayons de cire dans une boîte
» ouverte par dessous et aux
» côtés, de manière qu'il y
» fasse obscur, et la mettre
» dans le voisinage des ruches;
» alors les teignes y pondront
» avec plus de facilité et plus
» volontiers que partout ail-
» leurs, et on les détruira de
» même.

» Les teignes se multiplient
» prodigieusement depuis le
» printemps jusqu'à la fin de
» l'été, dit Beaunier. Lorsqu'on
» s'aperçoit qu'elles ont déjà
» ravagé une ruche faible ou
» mal gardée; qu'on voit leurs
» excrémens sur le milieu du
» siége, ou seulement qu'on

Comment on peut sauver une ruche de la teigne qui s'y trouve.

» en voit d'établies dans les » poussières mêlées de cire qui » se trouvent sur le bord des » ruches, il faut se hâter de » réunir cette ruche à une au- » tre, après en avoir retiré toutes » les hausses attaquées par les » teignes. »

Les frelons.

Les frelons sont aussi des ennemis bien redoutables pour nos abeilles qu'ils égorgent à l'entrée des ruches, et qu'ils emportent pour sucer leur miel et manger une partie de leur corps. Il en est de même

Grosses guêpes.

d'une espèce de guêpes presqu'aussi grosses que les frelons, et dont on ne peut se défendre qu'en cherchant leurs nids d'avance, et y allant bien masqué et ganté, les attraper avec des

bâtons au bout desquels sont
attachés des linges soufrés et
enflammées. On peut aussi mettre à l'entrée du nid des baguettes enduites de glu.

En attendant qu'on ait trou- Moyens de
vé les nids, on place un foie les tuer.
de bœuf à quelque distance des
ruches, et on les tue avec une
espèce de férule faite de plusieurs chapeaux cousus les uns
sur les autres.

Quant aux guêpes de la pe- Petites guê-
tite espèce, qui s'introduisent pes.
facilement dans les ruches, si
on n'a pas soin de diminuer le
vide des vaisseaux en ôtant les
hausses inutiles, parce qu'alors
les entrées sont presque toujours mal gardées. « Il faut, au
» mois de juillet, dit Beaunier,

» brûler les nids qui renfer-
» ment les guêpes sous la for-
» me de nymphes. Ces nids qui
» ont la forme de champignons,
» sont attachés par un pédicule
» à des branches d'arbre ou
» des tiges de blé. Lorsque ces
» insectes sont éclos, on peut
» les tuer sur un cœur de bœuf,
» comme les frelons ; mais il
» est impossible de leur inter-
» dire absolument l'entrée des
» ruches faibles, si on ne réu-
» nit pas ces dernières ensem-
» ble ou à de plus fortes. » Une
fois dans la ruche, les guêpes
pillent le miel sans que les
abeilles cherchent à les en empêcher.

Les tons ou bourdons.

Les tons ou bourdons sont
aussi des ennemis de nos abeil-

les, en ce qu'ils se nourrissent sur les mêmes fleurs , et nous privent ainsi d'une certaine quantité de miel. On doit donc tâcher de les exterminer dans leur retraite.

Quant aux fourmis , surtout les petites rouges , qui s'introduisent parfois dans les ruches (les abeilles n'ont pas l'air d'y faire attention ), pour en sucer le miel , ou même, dit-on, pour tuer les abeilles et les sucer elles-mêmes; il faut sur leur passage et dans les lieux qu'elles fréquentent, placer des bouteilles d'eau miélée, bouchées avec du parchemin percé de petits trous par où il n'y ait qu'elles qui puissent passer. Alors il y en périt un grand

nombre. On doit aussi chercher soigneusement les four-
millières, et y jeter de l'eau
bouillante à nuit close; au besoin recommencer le lendemain, et l'on en sera bientôt
débarrassé. On peut aussi poser les ruches sur des sellettes
dont les pieds portent dans des
petits pots pleins d'eau. Les
fourmis ne peuvent aller plus
loin.

**Les rats, souris, etc.** Les rats, les souris, les mulots, surtout les *musaraignes*,
que les chats n'osent attaquer,
sont encore des ennemis qui,
l'hiver, font beaucoup de mal
aux abeilles, en mangeant leurs
provisions, pendant qu'elles
sont un peu engourdies; c'est
pourquoi il faut leur faire la

guerre mieux que les chats,
en leur tendant des piéges et
des souricières. Mais le plus
certain est d'y regarder souvent, surtout avec des ruches
en paille qu'elles pourraient
percer dans une nûit ; n'y
pas laisser de grandes entrées (1), ni les soulever plus

______________

1) Mes hausses en paille n'ont point
d'échancrure pour servir d'entrée aux
abeilles. Je fais l'entrée dans le support même de la ruche ; plus souvent
je m'en passe. Alors je soulève la ruche avec deux petites cales sur le devant. Ces deux cales, plus ou moins
épaisses ou écartées selon le besoin du
moment, forment ainsi l'entrée, en
garnissant de pourget le surplus du

de deux ou trois lignes pour leur donner de l'air tout autour, afin que ces animaux rongeurs ne puissent y entrer facilement.

Les mésanges. Les oiseaux font aussi la guerre aux abeilles ; mais ils sont en petit nombre. Les mésanges, cependant, ne laissent pas que d'en détruire une quantité trop grande. Dans les temps froids, elles se mettent en embuscade pour saisir les abeilles quand elles s'arrêtent sur le devant de leurs siéges ; elles entrent même dans les ruches,

_____

contour de la ruche. En hiver, quatre petites cales de deux à trois lignes-d'épaisseur, suffisent sans pourjet.

dit-on, quand elles peuvent. Le Le pivert.
pivert fait mieux, il perce la
ruche pour en tirer les vermis-
seaux et les nymphes, comme
il perce les arbres avec son
gros et grand bec pour y trouver les vers dont il se nourrit.
J'en ai surpris un sur le fait
après une ruche. Je n'y vois
d'autre remède que de tâcher
de prendre ou de tuer ces différens ennemis.

Il en est de même des re- Les renards
nards et des putois qui, dit-on, et putois.
renversent les ruches pendant
la nuit. Les ours aussi, dit-on,
les emportent et les plongent
dans l'eau pour noyer les abeilles et manger ensuite leur miel.
On peut prévenir de pareils
procédés en entourant le ru-

cher d'une barrière et y tendant des piéges à certains passages qu'on y laisserait.

Lézards et crapauds.

Les lézards et les crapauds
prennent aussi quelques abeilles autour des ruches. On en-
tend alors, dit Beaunier, un
bruit semblable à celui que
produit une soupape. Il faut
tuer les lézards à quelque distance du rucher avec un pisto-
let, et prendre les crapauds en
enfonçant autour du rucher, à
fleur de terre, des pots larges
et profonds, et les remplir
d'eau à trois doigts du bord; ils
y périront.

Les poux.

Les abeilles sont aussi attaquées quelquefois par des poux
qui, selon Beaunier, sont rou-
geâtres, à peu près ronds, et

quelquefois aussi gros qu'un grain de millet. Ils s'attachent ou sur le corselet, ou entre la tête et le corselet. Je ne crois pas, dit Béaunier, qu'on en trouve sur de jeunes abeilles, ni dans les ruches qu'on a soin de tenir propres.

Les araignées tendent des toiles qui peuvent prendre nos abeilles dans les saisons où ces mouches ne sont pas très-vives. *Les arai-gnées.*

Le limaçon qui parvient à s'introduire dans une ruche, ne fait d'autre mal aux abeilles, que de les obliger de l'embaumer, avec la propolis, après lui avoir donné la mort à coups d'aiguillons ; sur quoi nous ferons observer que chaque fois qu'une abeille a donné son coup *Le limaçon.*

d'aiguillon, le dard reste ordinairement dans la plaie, et entraîne avec lui l'intestin *rectum;* ce qui cause la mort de l'insecte. Ainsi on doit toujours éviter d'agiter et mettre en fureur les abeilles, parce qu'outre le mal qu'elles peuvent faire, il en périt toujours un grand nombre, par l'effet des coups d'aiguillon dont elles ont fait usage.

Beaucoup d'autres insectes recherchent le miel, mais les abeilles ne les redoutent pas.



Toutefois, les *faux-bourdons,* les mâles de la ruche, qui, dans les premiers mois d'existence, peuvent être utiles pour la fécondation de la reine, deviennent bientôt inutiles et à charge à

la société, quand elle est fé-
condée. Aussi les abeilles les
traitent-elles alors en ennemis, sans doute parce que ce
sont des fainéans et des gour-
mands, qui ne font rien et con-
somment beaucoup. Comme
ils n'ont point d'aiguillon, ils
ne peuvent se défendre, et
quoique quatre fois plus gros
qu'une abeille ouvrière, celle-
ci parvient aisément à les tuer
et à les traîner l'un après l'autre à la voirie.



Cette espèce de massacre,
qui dure plusieurs jours, ne
laisse pas cependant d'être une
tâche laborieuse et difficile
pour nos ouvrières, et leur
prendre un temps précieux pour
leur approvisionnement. Quel-

quefois même ces bourdons sont en si grand nombre dans la ruche, que les ouvrières ne peuvent venir à bout de les tuer tous. Alors c'est une ruche perdue, dont les provisions ne suffiront jamais. Il serait donc utile et même nécessaire qu'on pût les aider à se débarrasser de ces parasites incommodes; ce qu'on peut faire de plusieurs manières, soit en les épiant à leur sortie ou à leur entrée, quand il fait beau, et les assommant ou les coupant en deux avec une lame de couteau; soit en plaçant à l'entrée de la ruche une espèce de grille à soupape qui leur permette d'en sortir et ne leur permette pas d'y rentrer; cependant les

On doit aider les abeilles à massacrer les bourdons, et comment.

ouvrières étant moins grosses ,
passeraient facilement , et les
bourdons , quatre fois plus gros
ne le pouvant pas , encore
moins soulever la grille , on les
tuerait facilement à la porte ,
et il suffirait de quelques heures pour les exterminer tous.
Au besoin on recommencerait
cette chasse assez amusante le
lendemain , ( *Experto crede* ,
*etc.* ) , et l'on abrégerait ainsi
beaucoup le travail de nos ouvrières. Elles nous dédomma-
geraient ensuite amplement du
service que nous leur aurions
rendu , par une augmentation
de miel , tant pour nous que
pour leur provision.

« Beaunier dit qu'on voit des    Quand
» faux-bourdons dans certaines on en trouve

en septembre dans une ru-
che, elle pé-
rit ordinaire-
ment un peu
plus tard.

» ruches, au mois de septem-
» bre, et plus tard encore (j'en
» ai vu au 15 octobre); ces ru-
» ches périssent ordinairement
» avant la fin de l'automne.
» On parviendrait peut-être à
» les conserver, si elles n'a-
» vaient point donné d'essaims,
» et si elles étaient peuplées
» d'un grand nombre d'ouvriè-
» res; dans le cas contraire, pour
» ne pas les détruire, on les réu-
» nit d'abord à d'autres ruches

La réunir à une autre.

» dépourvues de miel. Celles-ci
» doivent être mises sous les
» autres. On tâcherait ensuite de
» faire périr beaucoup de faux-
» bourdons. ( *Voyez le Traité*
» *pratique de Beaunier*, n°.
» 183, 184, 185 et 531. ) »

J'observe à cet égard que si la saison s'avance, ces derniers étant très-frileux, ne sortiront probablement plus de la ruche. On ne pourrait donc les détruire par les moyens précédens ; alors on serait obligé d'avoir recours à ceux-ci :

Avec de la fumée bien légère, mais continuelle, on ferait passer toutes les abeilles de cette ruche dans une autre vide bien frottée de miel ; puis remettant la première à sa place ordinaire et y ajustant une grille qui, comme nous l'avons dit, permette aux ouvrières d'y passer et ne soit pas assez ouverte pour les bourdons, on épierait leur arrivé pour les massacrer tous,

Est un mauvais moyen.

Moyen immanquable de les massacrer tous.

et en débarrasser ainsi toute la ruche.

Il faudrait cependant faire bien attention de ne pas confondre la reine avec eux, vu qu'à ce moment il n'y aura peut-être plus de couvain de reine dans la ruche, ni moyen de s'en procurer une autre, et ce serait alors une ruche perdue. C'est pourquoi on ne commencerait le massacre qu'après l'avoir bien reconnue, et l'avoir introduite dans la ruche par le trou du bondon supérieur ou par toute autre ouverture. Elle est d'ailleurs bien facile à distinguer d'eux; son corps est plus long, ses ailes sont beaucoup plus courtes; et elle n'en a que deux, tandis

Ne pas confondre la reine avec eux.

qu'ils en ont quatre comme les
ouvrières. Rarement elle se sert
de son aiguillon ; ainsi on pourra facilement la prendre, en le
faisant doucement et avec précaution. D'ailleurs, si le temps
de sa grande ponte est passé,
son corps ne sera pas plus gros
que celui d'une ouvrière, et
elle sera rentrée facilement
avec elles. Il ne restera donc
que des bourdons en dehors,
qu'on pourra massacrer sans
crainte et sans pitié.

Enfin on doit prendre des
précautions contre les voleurs,
qui sont aussi des ennemis particuliers de nos insectes. C'est
pourquoi on doit les enfermer
dans un local où l'on ne puisse
s'introduire sans risque d'être

Se méfier
des voleurs.

découvert. On peut aussi les attacher sur le siége ou sur des piquets, de manière à déjouer la manœuvre des voleurs.

*Des thièbles ou ruchers.* Ceci nous conduit naturellement à parler des thièbles ou ruchers et sur la meilleure manière de les établir.

*Sur des sellettes.* Les uns placent les ruches sur des sellettes clouées sur des piquets en plein air, à quelque distance les unes des autres, pour pouvoir tourner autour de chacune d'elles ; ce qui demande beaucoup de place et exige des manteaux en bois ou en paille qui les privent du soleil, et ont souvent besoin de réparations.

*Sous des hangars.* Les autres, et c'est le plus grand nombre, les placent sous

de petits hangars ou appentis
contre des murs ; ce qui permet de les mettre très-près les
unes des autres , et même d'en
avoir plusieurs étages sans oc-
cuper beaucoup de terrein ,
toujours précieux autour des
habitations. Alors les ruches
ou leurs supports sont établis
sur des madriers de longueur ;
ce qui offre plusieurs inconvéniens. D'abord , pendant l'été ,
les abeilles font souvent la
guerre à leurs voisines , et se
confondent avec elles ; ensuite,
si on a besoin de remuer une
ruche , ne fût-ce que pour nettoyer sa place , toutes les autres sont ébranlées.

   Toutefois , avec quelques
précautions , ces deux inconvé-

*Inconvé-niens de ces derniers.*

*Moyens d'y remédier.*

niens peuvent disparaître à peu de chose près. Le premier en écartant un peu plus les ruches les unes des autres, ou en mettant entr'elles des petites lattes ou séparations qui ne les privent pas du soleil ; et le second en mettant des semelles ou supports assez rapprochés et assez forts pour que l'ébranlement devienne nul. Alors un thièble me paraît bien préférable aux sellettes dont nous venons de parler, d'autant qu'on pourrait le disposer de manière à y enfermer les abeilles assez exactement pour les priver ( pendant l'*hivernage*) du soleil et même de la lumière : et nous avons dit que cela serait très-avantageux pour

Alors un thièble sous un hangar est préférable aux sellettes.

leur ôter l'envie de sortir au loin, de s'y perdre, ou d'en rapporter beaucoup d'appétit dans un temps où les provisions commencent à n'être plus trop abondantes.

Mais en donnant la préfé-rence aux petits hangars sur les sellettes, je désirerais qu'ils n'eussent qu'un rez-de-chaus-sée, attendu que les ruches de l'étage supérieur ne réussis-sent jamais si bien que celles du bas.

*Il n'y faut qu'un rang de ruches à rez-de-chaussée.*

Je voudrais aussi que ce thièble fût exposé au levant d'hiver, ou au moins au soleil de dix heures du matin, pour en profiter dès les quatre à cinq heures en été, et du matin au soir en hiver, si on le désirait;

*Son exposi-tion.*

qu'il fût très-près d'un mur
pour en recevoir la chaleur par
ricochet; qu'on puisse cependant passer facilement derrière
les ruches pour les nettoyer,
les torcher, les secourir, etc. ;
ce qui exigerait au moins dix-
huit pouces entre elles et le
mur susdit; qu'enfin, ce thièble bien fermé et bien obscur
en hiver, fût cependant bien
aéré, surtout dans la partie
inférieure, pendant cette saison, ainsi qu'en automne, et
ne fût couvert au printemps et
en été que d'un simple vitrage
garni d'un treillis de fil d'ar-
chal contre la grêle, sur lequel
on mettrait au besoin des paillassons ou des planches pendant
la saison rigoureuse. Le devant

pourrait être également garni
de vitrages mobiles sur char-
nières, pour produire encore
plus de chaleur sur les ruches,
et les manier toujours facilement. Ce serait alors, en quelque sorte, une grande ruche
vitrée par dessus, par devant
et par bouts, appliquée contre
un mur, avec toutes facilités
de manœuvrer devant et derrière les ruches. En automne
et en hiver, on recouvrirait le
tout de planches ou de paillassons pour que le soleil, et même le jour n'y pénétrent pas,
ayant attention que l'air y cir-
cule bien d'un bout à l'autre
et dans tous les sens, et que
les abeilles puissent en sortir

L'air doit y circuler, et les abeilles en sortir et y rentrer facilement.

et y rentrer quand elles vou-
draient.

Cet appareil serait coûteux
sans doute et conviendrait peu
au simple cultivateur; mais
celui-ci pourrait toujours au
moins mettre des planches ou
des paillassons sur ses ruches
pour les cacher du soleil : et
cependant combien de gens ai-
sés font encore plus de dépen-
ses pour des cloches, pour des
couches vitrées, des serres, des
orangeries et autres établisse-
mens qui leur profitent cependant beaucoup moins, que ne
feraient seulement une demi-
douzaine de bonnes ruches ainsi
traitées; puisqu'elles trouveraient sous leur abri tout ce qui

Cet appa-
reil coûterait
moins qu'une
serre ou oran-
gerie, et se-
rait plus pro-
fitable.

leur manque ailleurs pour réussir ?

Nous n'entrerons pas dans
de plus grands détails sur la
manière de gouverner les
abeilles en chaque saison de
l'année. Assez d'autres s'en sont
occupés avant nous. On peut
d'ailleurs consulter particulièrement le *Traité pratique* de
Stanislas Beaunier, qui se trouve à Vendôme chez l'auteur,
dont nous avons adopté la plupart des préceptes, et dont
nous nous sommes toujours
bien trouvé (1). Mais comme

Traité pra-
tique de Sta-
nislas Beau-
nier , ( coûte
9 francs. )

______________

(1) Le Traité sur les ruches à l'air
libre, de Joseph et Alexandre Martin,
qui coûte 4 fr., et se trouve chez ce

ce traité peu répandu est un
peu cher (9 fr.) et que nous y
avons apporté quelques modi-
fications essentielles, nous
avons cru rendre service à nos
concitoyens, à nos amis, à nos
enfans et aux leurs, de publier la

---

dernier Pharmacien, rue du Faubourg
du Roule, n° 24, à Paris, contient aussi
d'excellens principes que nous avons
adoptés sur l'éducation des abeilles,
et particulièrement sur la réunion des
ruches faibles aux plus fortes. Nous ne
différons avec ces auteurs que sur la
facture de leurs ruches à *l'air libre*,
qui nous ont paru avoir de grands inconvéniens que nous avons évités dans
la nôtre. Nous espérons la perfection-
ner encore l'an prochain : alors nous
en rendrons compte au public, si nous
sommes encore de ce monde.

présente Instruction (résultat de
notre expérience pendant trente-cinq ans), dont le coût (1 fr.),
ne peut effrayer personne. Et
cependant on y trouvera des
choses assez nouvelles et assez
intéressantes pour le plus grand
nombre, qu'on ne trouverait
nulle part ou difficilement ailleurs. Trop heureux, si, avant
de terminer une carrière déjà
trop longue, nous pouvions
apprendre que cette instruction a produit quelque réforme
salutaire dans la manière de
traiter nos chers insectes, et
tarir ainsi quelques-unes des
sources de leur destruction !

C'est particulièrement à messieurs les Maires et Desservans
de la campagne que nous

Celui-ci ne coûte que 1 fr.

Est dédié à messieurs les Maires et Des-servans.

11

destinons ; et nous avons espoir que sa publication sera encouragée par l'autorité supérieure. Puisse-t-elle se répandre en effet dans toutes les communes, et y être adoptée ! Bientôt la France l'emporterait dans la balance, et nous ne serions tributaires de nulle autre nation pour le miel et surtout pour la cire, aujourd'hui si rare et si chère. Heureuse alors cette belle France, dont ses voisins sont si jaloux ! En effet, dans la classe la plus pauvre une seule ruche par individu ne lui procurerait-elle pas déjà mille petites douceurs et un petit revenu ? et à l'homme riche ou aisé, ainsi qu'à l'observateur, quelle source de jouissances

Une seule ruche par individu enrichirait le pauvre.

Emporterait la balance du commerce.

et d'observations dans les ruches *à hausses* et *à l'air libre !*
La carrière est ouverte : c'est
aux amateurs à la parcourir et
à en enrichir leurs concitoyens.
Dieu veuille au moins qu'elle
ne soit ni abandonnée ni mé-
prisée !

Le riche et l'amateur trouveront mille jouis-sances dans les *ruches à hausses* et *à l'air libre.*

# POST-SCRIPTUM.

Je profite de la place qui me reste pour faire connaître à mes lecteurs la manière dont je fais usage aujourd'hui pour avoir du bon miel et de la belle cire toute fondue, sans presse ni instrumens, autres que des *terrines* et des *clayons;* ce qui se trouve à la portée de tout le monde.



Je répèterai d'abord que c'est dans le mois de juillet, après la saison des essaims ( et non pas auparavant, Dieu m'en garde !) que j'enlève mes hausses supérieures pleines de miel. Alors il peut couler abon- damment sans autre apprêt que de le mettre sur des clayons, au-dessus des terrines, où, à mesure qu'on l'y dépose, on enlève soigneusement avec le couteau plat la pellicule de cire qui, de chaque côté des rayons de miel, le retient encore dans les petites cases qu'on nomme *alvéoles*. On écrase même ensuite ces rayons pour avancer d'autant l'écoulement du miel dans la terrine. Si le temps n'est pas chaud, et que le soleil ne donne pas ( au travers des croisées d'une chambre bien close), on peut placer les terrines derrière une plaque de cheminée où l'on fait habituellement du feu. De l'une et l'autre manière, on a du très-beau miel vierge ( et en quantité) que l'on fait cou-

On pose les rayons de miel au-dessus des terrines.

On l'y écrase.

On opère au soleil ou derrière une plaque de cheminée dans une chambre bien close.

ler encore une fois, à travers
une chausse pointue de toile un
peu claire, dans les pots de
grès qui doivent le conserver,
et que l'on tient à cet effet dans
un lieu frais, à l'abri de souris
et des fourmis.

Ces pots doivent être évasés
dans la partie supérieure, à
l'endroit où se termine le miel,
pour qu'en se cristallisant l'hiver, il ne les fasse pas fendre
comme ferait *l'eau glacée*.

Quand le miel ne coule plus
dans les terrines, on met le
tout au four deux ou trois heures après que le pain en a été
retiré. Alors on a un second
miel qui, passé à la chausse,
est presqu'aussi beau que le
premier, sur lequel on trouve

*On le passe à la chausse.*

*Et on le tient dans un lieu frais.*

*Les pots qui le contiennent doivent être évasés.*

*Manière d'avoir le deuxième miel.*

toujours une portion plus ou
moins grande de cire toute fondue que l'on peut en détacher ,
et la racler avec un couteau,
pour qu'il ne reste que peu ou
point de miel après; et on la
met ensuite devant les abeilles
pour qu'elles achèvent de la
nettoyer.

Si la cire n'est pas toute fondue, on la remet au four une
autre fois, au-dessus d'autres
terrines où l'on met de l'eau
pure. Elle achève d'y fondre;
et elle est toujours bien fondue
sans être brûlée. On traitera
de même toute la cire qu'on
récoltera seule en différens
temps de l'année.

Quant aux clayons, après
lesquels il en reste toujours ,

Avec de la
cire toute fon-
due.

Manière d'a-
voir le reste
de la cire.

Et de net-
toyer les cla-
yons.

ainsi que de *la propolis* et autres matières; il faut les mettre
sur le feu dans une grande
chaudière pleine d'eau, qu'on
fera bouillir long-temps, en les
tenant assujettis sur le fond de
la chaudière par des briques
ou du fer plat. Toute la cire
s'en détache et se trouve sur
l'eau quand elle est refroidie.
Ce qui est dessous n'est que *le
pied de cire,* bon à jeter sur le
fumier.

*Experto crede Roberto.*

# ERRATA.

*Page* 52, *ligne* 1, *le mot* C'est *devrait être mis à la
ligne ; et tout ce qui   suit, jusqu'à* Experto crede
Roberto, *devrait être sans guillemets, vu que ce
n'est plus Beaunier, mais l'auteur qui parle.*

*Page* 54, *ligne* 9, avec pureté, *lisez :* avec sûreté.

*Page* 75, *ligne* 6, une hausse, *lisez :* ma hausse.

*Page* 103, *ligne* 1, *au texte et à la marge,* invariables, *lisez :* invariable.

*Page* 118, *à la marge,* s'agrandissent, *lisez :* l'agrandissent.

*Page* 120, *ligne* 5, fuire, *lisez* fuir.

*Page* 129, *lignes* 16 et 18, il y a une  fausse ponc-
tuation qui change le sens de la phrase ; à la fin
de la 16ᵉ ligne, au lieu d'une virgule il faut un
point ; et, après le mot *baguettes*  de la ligne 18,
il suffirait d'une virgule.

*Page* 159, *ligne* 3, enflammées, *lisez :* enflammés.

*Page* 190, *ligne* 6, à l'abri de souris, *lisez :* à l'abri
des souris.

Fontenay
Nouveau manuel des propriétaires et

IMP. D'ANNER-ANDRÉ.